통계가 빨라지는

수학력

TOKEIGAKU NO TAME NO SUGAKU KYOSHITSU
by Hiroyuki Nagano
Copyright ⓒ 2015 Hiroyuki Nagano
Koreans translation copyright ⓒ 2016 by VISION B&P
All rights reserved.

Original Japanese language edition published by Diamond, Inc.
Korean translation rights arranged with Diamond, Inc.
trough Eric Yang Agency, Inc.

통계가 빨라지는
수학력

나가노 히로유키 지음 | 오카다 겐스케 감수 | 위정훈 옮김 | 홍종선 감수

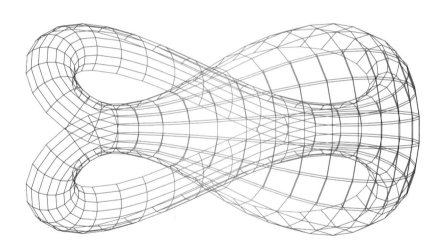

비전코리아

아래는 2015년 1월에 치러진 대입 시험(일본에서는 '센터 시험'이라고 부른다)의 〈수학 I〉에 나온 문제다(지금 풀 필요는 없고 읽어만 보자, 답은 뒤에 있다).

어느 고교 2학년 40명 학급에서 핸드볼공 멀리던지기의 비거리를 측정했다. 아래 그림은 1회째 데이터를 가로축으로, 2회째 데이터를 세로축으로 한 산포도다. 또 학생 한 명이 결석해서 39명의 데이터다.

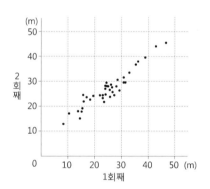

	평균값	중앙값	분산	표준편차
1회째 데이터	24.70	24.30	67.40	8.21
2회째 데이터	26.90	26.40	48.72	6.98
1회째 데이터와 2회째 데이터의 공분산				54.30

(공분산: 1회째 데이터의 편차와 2회째 데이터의 편차를 곱한 것의 평균)

(1) 다음 ☐에 해당하는 것을 아래 ⓪~⑨ 중에서 하나 골라라.

1회째와 2회째 데이터의 가장 가까운 상관계수 값은 ☐이다.

⓪ 0.67　　① 0.71　　② 0.75　　③ 0.79　　④ 0.83

⑤ 0.87　　⑥ 0.91　　⑦ 0.95　　⑧ 0.99　　⑨ 1.03

(2) 다음 ☐에 해당하는 것을 아래 ⓪~⑧ 중에서 하나 골라라.

다른 날 결석한 한 명의 학생도 마찬가지로 기록을 두 번 측정했더니 24.7m, 26.9m가 나왔다. 이 학생의 기록을 합쳐 다시 계산했을 때의 새로운 공분산을 A, 원래의 공분산을 B, 새로운 상관계수를 C, 원래 상관계수를 D라고 하자. A와 B, C와 D의 대소관계에 대해 ☐가 성립한다.

⓪ $A > B$, $C > D$　　① $A > B$, $C = D$　　② $A > B$, $C < D$

③ $A = B$, $C > D$　　④ $A = B$, $C = D$　　⑤ $A = B$, $C < D$

⑥ $A < B$, $C > D$　　⑦ $A < B$, $C = D$　　⑧ $A < B$, $C < D$

2012년부터 일본에서는 고등학생이 전면적으로 이과, 문과 구별 없이 '데이터 분석'이라는 〈수학 I〉에 신설된 필수 단원에서 **히스토그램, 상자그림(box plot), 분산, 표준편차, 상관계수** 같은 기초통계를 배운다. 반면 1974년생인 나를 포함해 이 책의 대다수 성인 독자들은 통계 단원이 선택이었다(대부분 선택하지 않았다). 예전에는 학교에서 통계를 배운 사람이 극히 드물었기에 위 문제를 술술 풀 수 있는 사회인은 그리 많지 않을 것이다. 하지만 2015년 3월 이후에 고등학교를 졸업한 세대에게는 이 문제가 결코 어렵지 않다. 이 제 곧 직장인으로 첫발을 내딛는 젊은이들과 현재 직장인인 우리들 사이에는 '**통계 리터러시(통계를 사용할 수 있는 능력)**'에서도 세대차가 **나는 것이다.**

통계가 크게 주목받는 계기가 된 니시우치 히로무의《빅데이터 를 지배하는 통계의 힘》에는 이런 말이 나온다.

통계학은 지금 IT라는 강력한 동반자를 만나 모든 학문 분야를 통틀 어 세계 곳곳에서, 그리고 인간의 삶이 미치는 모든 영역에서 최선의 답을 제시하고 있다.

정보가 흘러넘치고 가치관 또한 다양해진 오늘날 통계가 보여주 는 '에비던스(증거)'를 이해하고, 그것을 찾아내는 능력이 점점 더 필요해지고 있다. 새삼 내가 말할 것도 없이 통계 리터러시는 현대 인에게 필수적인 능력이 되었다.

사회인이 통계를 이해하지 못하는 이유

나는 '나가노수학학원'이라는 곳에서 직장인들에게 수학을 가르 치고 있다. 직장인들이 수학을 다시 배워야겠다고 결심하는 이유는 다양한데 요즘은 '통계를 알고 활용하기 위해서'가 가장 많다. 처 음에는 '서점에 통계 책이 많은데 왜 여기까지 와서 통계를 배우겠 다는 거지? 좀 더 심화된 통계 공부를 하고 싶은 건가'라고 생각했 다. 하지만 막상 가르쳐보니 대다수 학생들이 통계 자체가 아니라 통계에 나오는 수학 때문에 힘들어한다는 사실을 알게 되었다.

통계 책에 나오는 중·고등학교 수학을 몰라 왕초보 수준의 통계도 이해하지 못하는 것이다. 거꾸로 말하면, 수학만 잘하면 통계 자체를 배우는 것은 그리 어렵지 않다는 것이 된다.

신기하게도 서점에는 '통계에 쓰이는 수학' 자체를 설명하는 책이 거의 없다. 그래서 내가 이 책을 쓰게 되었다. 이 책은 직장인들에게 통계를 공부하는 데 필요한 수학을 가르쳐주기 위해 기획되었다.

이 책의 내용

이 책은 고등학교 때까지 배운 수학 중에서 통계에 필요한 내용만을 엄선해 설명하고 있다. 나눗셈의 의미나 비율(제1장)과 같은 초등학교 수준에서 시작해 제곱근, 다항식 계산(제2장), 함수와 그래프(제3장), 경우의 수, 확률, 시그마(제4장), 극한, 적분(제5장)에 이르기까지 난이도와 연관성에 따라 구성했다.

본문은 '알기 쉽게 설명하기'를 최우선 과제로 삼았다. 중간중간 예제와 복습용 연습문제도 넣어 독자 여러분이 설명을 이해했는지 스스로 확인할 수 있게 했다. 물론 통계에서 수학을 어떻게 활용하는지도 실었다. 통계의 해설 부분은 센슈(專修)대학 심리통계학과 오카다 겐스케 교수의 감수를 거쳤다. 내용의 정확성을 확인하는 동시에 본문 사이사이에 등장해 길잡이 역할도 해주고 있다.

현대 젊은이들이 반드시 배워야 할 통계는 3장까지 모두 정리했고, 4장에서는 이산형 데이터의 확률분포를, 5장에서는 연속형 데이터의 확률밀도함수 등을 이해할 수 있도록 구성했다. 즉 수집한 데이터에서 필요한 정보를 읽어내는 **기술통계**를 총괄하고, 부분적인 데이터로 전체를 예측하는 **추론통계**의 시작 단계까지 안내자 역할을 하고 있다.

오카다 겐스케 교수

통계 수학은 직장인에게 꼭 필요한 '수학 리터러시'

나는 이 책을 쓰면서 여기 나오는 수학 내용은 (통계를 이해하기 위한 것이기는 하지만) 직장인이라면 누구나 알고 있어야 할 '수학 리터러시' 자체라고 생각했다. 이 책만 완전히 익히면 거래처에 속을 일이 없어지고, 숫자가 가득한 자료나 엑셀 함수도 단숨에 이해하게 되며 그래프를 이용해 보다 설득력 있는 프레젠테이션 자료도 만들 수 있다. 물론 논리적인 사고방식도 키우게 된다.

자, 그럼 드디어 시작이다! 최단거리로 골인할 수 있도록 최선을 다해 독자 여러분을 안내하겠다. 나를 믿고 잘 따라오기 바란다!

나가노 히로유키

앞의 대입 시험 정답: (1) 7 (2) 7

차례

5장 **연속 데이터 분석을 위한 수학**

1장

데이터 정리를 위한
기본 수학

통계란 수집한 데이터(자료)를 정리하고 분석하는 학문이다.

이번 장에서는 먼저 데이터 정리에 필요한 **평균과 비율, 그래프**에 대해 알아보자. 기본 수학이지만 그렇다고 "그 정도는 알아요" 하고 코웃음 칠 수는 없을 것이다. "알고 있다니까요!"라고 자신 있게 말하는 여러분, 아래 문제를 읽어보자.

문제   어느 중학교 3학년 학생 100명의 키를 측정해 평균을 계산했더니 163.5cm였다. 이 결과로부터 확실하게 옳다고 할 수 있는 것은 ○를, 그렇지 않은 것은 ×를 빈칸에 적어라.

☐ (1) 키가 평균인 163.5cm보다 큰 학생과 작은 학생이 각각 50명씩 있다.

☐ (2) 100명의 학생 모두의 키를 더하면 163.5cm×100=16,350cm 와 같다.

☐ (3) 키를 10cm마다 '130cm 이상 140cm 미만인 학생' '140cm 이상 150cm 미만인 학생'…과 같이 나누면 '160cm 이상 170cm 미만인 학생'이 가장 많다.

출처: 일본수학회 홈페이지

이것은 2011년 일본수학회가 전국 약 6,000명의 대학생을 대상

으로 실시한 '대학생수학기본조사'의 1번 문제다. 이 문제의 정답률은 76%로 당시 매스컴에서는 '**대학생 4명 가운데 1명은 평균을 모른다**'라고 호들갑을 떨었다. 어떤가? 여러분은 자신 있게 정답을 말할 수 있는가? (이 문제의 답은 71쪽에 있다.)

또한 '비율'은 어려워하는 학생이 가장 많은 단원이다. 실제로 국립교육정책연구소가 2013년에 실시한 '전국학력·학습현황조사'에서는 비율에 관한 문제의 정답률이 가장 낮았다. 사실 **비율을 정확하게 이해하려면 나눗셈에 2가지 의미가 있음을 알아야** 하는데, 이를 확실히 파악한 사람은 성인 중에도 몇 명 없다. **비율은 통계에 필수적인 확률과 연관이 많으니** 이 부분이 약하면 나중에 통계를 이해하기 힘들다.

마지막으로 그래프는 데이터를 모아서 특징을 한눈에 보는 데 아주 편리하다. 하지만 보여주고 싶은 정보와 맞지 않은 그래프를 선택하면 더 큰 오해나 혼란을 일으킨다. 독자 여러분 중에는 프레젠테이션 자료에 삽입한 그래프를 본 상사에게 '이 그래프는 뭐가 뭔지 모르겠는데?'라고 야단을 맞아본 사람도 있을 것이다. 그러므로 여기서는 자료 정리의 기본인 평균과 비율, 그래프에 대해 확실하게 알아보자.

01
평균

'평균(平均)'이란 글자 그대로 평평하게(平, 평평할 평) 고르는(均, 고를 균) 것이다. 예를 들어 3개의 직사각형이 있는데 각각의 높이가 2, 7, 3이라고 하자. 이들의 높이를 평평하게 하려면 어떻게 하면 될까? 가장 높은 '7'의 직사각형을 잘라서 다른 2개에 나눠서 붙이면 된다. 그림으로 하면 아래와 같다.

높이를 평평하게 고르면 커다란 직사각형 하나가 생기는데 이

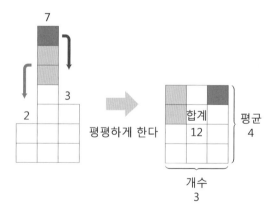

직사각형의 세로 길이가 **평균**이며, 가로 길이가 개수, 그리고 면적이 **합계**가 된다. 즉

$$평균 \times 개수 = 합계$$

$$(세로) \quad (가로) \quad (면적)$$

인 것이다. 이것으로부터

$$평균 = \frac{합계}{개수}$$

임을 알 수 있다.

이상을 문자로 일반화해보자.

$$x_1, \ x_2, \ x_3, \ \ldots, \ x_n$$

이렇게 전부해서 n개의 데이터가 있다고 하자. 이들의 합계를 데이터의 개수 n으로 나눈 것이 평균이다. 수학에서는 **평균**을 '$\bar{x}$'로 문자 위에 가로막대(바)를 붙여서 표시한다.

평균의 정의

$$\bar{x} = \frac{x_1 + x_2 + x_3 + \cdots + x_n}{n}$$

바로 활용해보자.

아래 표는 6명의 학생이 있는 A반과 5명의 학생이 있는
B반의 수학 시험 점수를 모은 것이다. 각 반의 평균을 구하라.

A반[점]	50	60	40	30	70	50
B반[점]	40	30	40	40	100	

해답

A반의 평균

$$\frac{50+60+40+30+70+50}{6} = \frac{300}{6} = 50\,[\text{점}]$$

B반의 평균

$$\frac{40+30+40+40+100}{5} = \frac{250}{5} = 50\,[\text{점}]$$

모두 평균은 50점이다. 이와 같이 평균은 사람 수(개수)가 달라도 서로를 비교할 수 있게 한다. 단 A반과 B반 각각의 학생들 점수를 살펴보면 A반은 평균 미만 2명, 평균이 2명, 평균보다 높은 2명으로 고르게 분포된 데 비해, B반은 평균 미만이 4명, 평균보다 높은 사람이 1명이다. B반의 경우는 100점인 사람이 전체의 평균을 확 올려주고 있다.

이처럼 데이터에는 **평균으로는 알 수 없는 특징도 있다**. 그래서 통계에서는 데이터의 특징을 나타내는 것으로 **중앙값**이나 **최빈값** 등도 사용한다(이것들에 대해서는 뒤에서 이야기한다).

이어서 '**나눗셈의 2가지 의미**'에 대해 이야기해보자. 내가 쓴 다

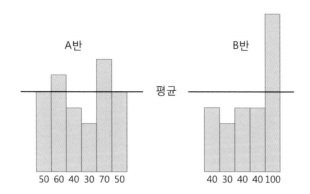

른 책《어른을 위한 수학 공부법》과 중복되는 부분도 있지만 비율
이나 확률을 알기 위해서는 빼뜨릴 수 없으므로 다시 한 번 자세히
설명하겠다.

02
나눗셈의 2가지 의미

여기서 잠시 간단한 실험을 해보자. 아래에 6개의 ○가 있다.

이것을 이용하여

$$6 \div 3 = 2$$

를 그림으로 그려보자. 정해진 답은 없으므로 가벼운 마음으로 해보고 가족이나 친구들에게도 해보라고 하자. 그러면… 재미있는 현상을 보게 될 것이다.

(A)

(B)

자, 당신은 어느 쪽 그림을 그렸는가? 아마도 (A) 그림을 그린 사람이 많겠지만 (B) 그림을 그린 사람도 몇 명은 있을 것이다. 처음에 말했듯이 어느 쪽도 틀린 것은 아니고 두 그림 모두 정확하게

$$6 \div 3 = 2$$

를 나타내고 있다.

나눗셈의 의미 1: 전체를 똑같이 나눈다

다음과 같은 문제가 있다고 하자. '만두가 6개 있다. 3명이 나누면 1명당 몇 개를 받을 수 있는가?' 이 경우 물론

$$6 \div 3 = 2$$

의 계산에서 '1명당 2개씩 받을 수 있다'임을 알 수 있는데, 이 계산의 의미는 '**6개의 물건을 3등분하면 1명당 2개가 된다**'이다.

이렇게 전체를 똑같이 나누는 나눗셈을 약간 어려운 말로 '**등분제(等分除)**'라고 한다.

나눗셈을 곱셈의 역계산으로 취급한다면 (A)의 생각은

$$(1명당 양) \times 3 = 6$$

의 '1명당 양'을 구하는 계산이라고 생각할 수 있다.

나눗셈의 의미 2: 전체를 같은 수만큼씩 나눈다

이번에는 '만두가 6개 있다. 1팩에 3개씩의 세트를 몇 팩 만들 수 있는가?'라는 문제가 있다고 해보자. 이번에도

$$6 \div 3 = 2$$

라는 (A)와 똑같은 계산으로 '2팩을 만들 수 있다'는 것을 알 수 있다. 단 이때의 의미는 '**6개인 것을 3개씩 나누면 2개가 된다**'가 된다. 또는 '**6개는 3개씩의 2개 분이다**'라고도 말할 수 있다. 이처럼 전체를 똑같은 수만큼씩으로 나누는 나눗셈을 '**포함제**(包含除)'라고 한다.

앞에서와 마찬가지로 곱셈의 역으로 생각한다면 (B)의 생각은

$$3 \times (몇 \ 개 \ 분) = 6$$

과 같이 '1개당 양'을 3으로 했을 때의 '몇 개 분'을 구하는 계산이라고 생각할 수 있다.

어느 쪽이 딱 들어맞는 느낌인가?

다시 한 번 말하지만 둘 다 올바른 나눗셈의 이해. **나눗셈에는 (A)와 (B) 2가지 의미가 있다.** 중요한 것은 그것을 확실하게 인식

하는 것이다. 나눗셈의 2가지 의미를 일반화하면 다음과 같다.

나눗셈의 2가지 의미

$$a \div n = p$$

(A) a를 n등분하면 1개당(1명당) p개다[등분제]

(B) a를 n씩으로 나누면 p개가 되는 a는 n이 p개 분이다[포함제]

이렇게 보면 둘 다 지극히 당연하지만 이 차이를 똑똑히 모르면 덧셈, 뺄셈, 곱셈, 나눗셈 중에서 나눗셈을 흐리멍덩하게 이해하게 되고, 그러면 비율도 잘 파악할 수 없다. 지금까지 익힌 것을 준비 운동 삼아 이제 비율을 이해해보자.

03
비율

먼저 비율의 정의부터 살펴보고 문제를 풀자.

비율의 정의

$$비율 = 비교하는\ 양 \div 기준으로\ 삼은\ 양$$

$$\left(비율 = \frac{비교하는\ 양}{기준으로\ 삼은\ 양} \right)$$

예제 1-2 전체 50명인 학급이 있다. 이중 남자는 30명이다. 학급 전체에 대한 남자의 비율을 구하라.

해답

이 경우 비교하는 양(남자)이 30명, 기준으로 삼은 양(학급 전체)이 50명이므로

$$30 \div 50 = 0.6$$

이 되어 구하는 비율은 0.6(60%)이다.

단 이것은 단순히 비율 공식에 대입해 얻은 값일 뿐, 비율을 이해한 것은 아니다. 이 계산의 의미를 다시 생각해보자.

같은 단위끼리의 비율은 포함제

같은 단위끼리의 비율은 **포함제**다. 앞 예제의 경우 '30명은 50명인 학급의 0.6학급 분(60%)이다' 식으로 생각하기 때문이다.

같은 단위끼리의 비율, 즉 포함제의 비율은 기준(전체)에 대한 비교하는 양(부분)의 비율을 나타낸다.

다른 단위끼리의 비율은 등분제

가게에서 두 종류의 우유를 팔고 있다. A는 400ml에 120엔, B는 900ml에 300엔이다. 어느 쪽이 더 이익일까? 양이 다르므로 가격만 비교해서는 알 수 없다. 바로 이런 상황에서 비율이 빛을 발한

다. 비율을 사용하면 같은 단위로 비교할 수 있다.

용량을 '기준으로 삼은 양'으로 하고 가격을 비교해보자. 이 경우 비율은

$$비율 = \frac{비교하는\ 양}{기준으로\ 삼은\ 양} = \frac{가격[엔]}{부피[ml]}$$

이므로 A는

$$\frac{120[엔]}{400[ml]} = \frac{3[엔]}{10[ml]} = 0.3[엔/ml]$$

B는

$$\frac{300[엔]}{900[ml]} = \frac{1[엔]}{3[ml]} = 0.333\cdots[엔/ml]$$

이 된다. 단 이들의 나눗셈(분수)의 의미를 포함제라고 생각하면 '120엔은 400ml가 0.3개 분이라고? 이게 대체 무슨 소리야?' 하는 말이 절로 나오게 된다. 사실 **일반적으로 사용하는 단위끼리의 비율은 등분제라고 생각**하면 의미가 명확해진다.

$$\frac{120[엔]}{400[ml]} = 0.3[엔/ml]$$

은 120엔을 400등분함으로써, A의 1ml당 가격이 0.3엔이라는 것을 계산하고 있다. 이것이야말로 등분제다. 마찬가지로

$$\frac{300[엔]}{900[ml]} = 0.333\cdots[엔/ml]$$

으로부터 B의 1ml당 가격은 0.333…엔이 나온다. 이렇게 같은 1ml에 대한 가격이 계산되므로 **A가 이익**임을 알 수 있다. 등분제의 비율은 단위량(1ml, 1초, 1g 등)당 수치를 나타낸다. **다시 말해 다른 단위끼리의 비율, 즉 등분제의 비율은 기준**(단위량)**에 대한 수치의 대소를 나타낸다.**

이상과 같이 똑같은 비율이라도

같은 단위끼리의 비율은 포함제

다른 단위끼리의 비율은 등분제

가 되어 그 의미가 다르다. 비율이 골칫거리 취급을 받는 이유는 바로 이 때문이다. 독자 여러분이 비율에 대해 '알 것도 같은데 어쩌면 모르는 것도 같고…' 하는 모호한 이미지를 갖고 있다면 그것은 위의 차이를 구별하지 못했기 때문이다. 어떤 비율이 포함제인지 등분제인지를 알면 비율을 올바르게 이해하게 된다.

예제를 풀어보자. 다음은 국립교육정책연구소가 2013년에 실시한 '전국학력·학습현황조사'의 초등학교 6학년용 문제다. 참고로 정답률은 50.2%로, 모든 문제 가운데 정답률 꼴찌를 기록했다.

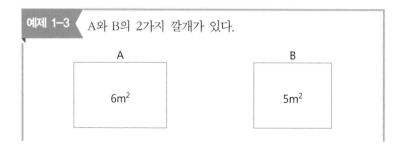

예제 1-3 A와 B의 2가지 깔개가 있다.

A: 6m² B: 5m²

아래 표는 깔개 위에 앉아 있는 사람 수와 깔개의 면적을 나타낸다.

앉아 있는 사람 수와 깔개의 면적

	사람 수(명)	면적(m²)
A	12	6
B	8	5

어느 쪽 깔개가 더 붐비는지 조사하기 위해 아래 계산을 했다.

$$A: 12 \div 6 = 2$$

$$B: 8 \div 5 = 1.6$$

위의 계산에서 무엇을 알 수 있는가? 다음 1~4 중에서 하나 골라라.

1. 1m² 당 사람 수는 2명과 1.6명이므로 A가 붐빈다
2. 1m² 당 사람 수는 2명과 1.6명이므로 B가 붐빈다
3. 1명당 면적은 2m²와 1.6m²이므로 A가 붐빈다
4. 1명당 면적은 2m²와 1.6m²이므로 B가 붐빈다

출처: 국립교육정책연구소 홈페이지

해설

'A: $12 \div 6 = 2$'도 'B: $8 \div 5 = 1.6$'도 사람 수를 면적으로 나누고 있다. 다른 단위끼리의 비율, 즉 등분제이므로 기준의 면적(여기서는 1m²)에 대한 수의 대소를 나타낸다. 그래서 'A: 12[명] ÷ 6[m²] = 2[명/m²]'에서 **A 깔개는 1m² 당 2명**이라는 것을, 'B: 8[명] ÷ 5[m²] = 1.6[명/m²]'에서 **B 깔개는 1m² 당 1.6명**이라는 것을 알 수 있다. 당연히 A 깔개가 붐빈다. 이상에 의해 **정답은 1**이다.

04
여러 가지 그래프

여기서는 대표적인 4가지 그래프(막대그래프, 꺾은선그래프, 원그래프, 띠그래프)에 대해 알아보자. 각 그래프의 특징은 다음과 같다.

> **그래프의 특징**
>
> • 막대그래프: 양의 대소를 나타낸다
>
> • 꺾은선그래프: 변화를 나타낸다
>
> • 원그래프: 비율을 나타낸다
>
> • 띠그래프: 비율을 비교한다

막대그래프 – 대소를 나타낸다

막대그래프는 **양의 대소를 비교하는 데 적합하다**. 다음 그래프는 1991~2008년까지 기상청이 확인한 돌풍 508건에 대해 월별로 집계한 결과를 정리한 것이다. 이것을 보면 **7월부터 10월에 걸쳐 돌풍이 많음**을 한눈에 알 수 있다.

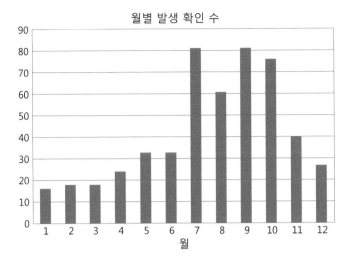

월별 발생 확인 수

출처: 기상청-월별 돌풍 발생 수

꺾은선그래프 – 변화를 나타낸다

꺾은선그래프는 **변화를 나타내는 데 적합하다.**

다음 페이지의 그래프는 역시 기상청이 1985~2013년의 도쿄 지방 예보 정밀도를 꺾은선그래프로 정리한 것이다. 흔히 '일기예보는 안 맞는다'고 하는데 그래프를 보면 요즘은 적중률이 크게 상승했음을 알 수 있다. 참고로 그래프 오른쪽의 '최고 기온 예보 오차'가 위로 올라갈수록 값이 작아지는 이유는 우상향 그래프가 '개선되었다!'는 인상을 주기 쉽기 때문일 것이다. 단 꺾은선그래프를 볼 때 반드시 주의해야 할 점이 있다. **변화의 정도에 대한 이미지를 그래프 작성자가** (어느 정도) **조작이 가능하다는 점이다.** 예를 들면 꺾은선그래프 세로축 값의 폭을 크게 하면 같은 데이터라도 변화의

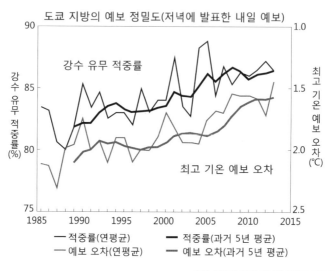

출처: 기상청—날씨 예보의 정밀도 검정 결과

정도가 작게 느껴진다. 반대로 작게 하면 변화의 정도가 크게 느껴진다. 꺾은선그래프를 볼 때는 이 점에 주의하자.

> 주) 앞의 막대그래프도 일부를 확대하는 등의 변화를 통해 인상을 바꿀 수 있다.

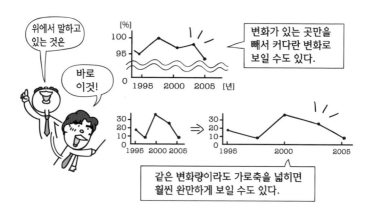

원그래프 – 비율을 나타낸다

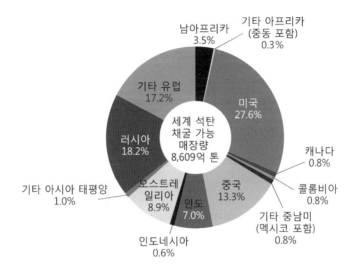

출처: 《에너지백서》 2013

원그래프는 전체 중에서 **각각의 항목이 어느 정도 비율을 차지하는지 나타내기에 적합하다.**

위는 자원에너지청의 '세계 석탄 채굴 가능 매장량'을 원그래프로 정리한 것이다. 이를 보면 전체 8,609억 톤 중에서 미국(27.6%)의 비율이 가장 크고, 두 번째가 러시아(18.2%), 세 번째가 기타 유럽(17.2%), 네 번째가 중국(13.3%)임을 금방 알 수 있다.

원그래프는 12시 위치부터 시계 방향으로 **비율의 크기를 순서대로 배열하는 경우와 비슷한 내용을 연달아 놓는 경우가 있는데, 위는 비슷한 내용(지역별)순으로 배열했다.

띠그래프 – 비율을 비교한다

나이를 세 구간으로 나눴을 때 인구 비율의 변화

자료: '국세 조사'에 의한 인구와 '인구 변화' 연구
* 2012년과 2013년은 4월 1일 기준, 그 밖은 10월 1일 기준

출처: 통계청

띠그래프는 연도나 조건에 의해 같은 항목의 **비율이 어떻게 변화했는지를 비교**하는 데 적합하다.

위의 띠그래프는 통계청이 나이를 세 구간으로 나눴을 때 인구 비율의 변화를 정리한 것이다. 이를 보면 어린이(0~14세) 비율의 감소와 고령자(65세 이상) 비율의 증가가 두드러짐을 금방 알 수 있다. 단 띠그래프로 비율이 감소(또는 증가)하고 있다고 해서 반드시 절대수 자체가 감소(또는 증가)하고 있지는 않다는 점에 주의하자. **비율의 증감만으로 절대수의 증감을 판단할 수 없다.**

어느 비디오 가게의 회원 수 변화를 정리한 표다.

시기	1년 전	9개월 전	6개월 전	3개월 전	현재
회원 수[명]	500	508	512	520	530

이 비디오 가게의 점장이 홈페이지에 가게가 잘되고 있다고 홍보하기 위해 이 데이터를 그래프로 정리하려 한다. 다음 질문에 답하라.

(1) 회원 수의 변동을 알기 쉽게 전하려면 어떤 그래프로 정리하는 것이 좋을까? 다음 ①~④ 중에서 골라라.

　　① 막대그래프　　　　　　② 꺾은선그래프

　　③ 원그래프　　　　　　　④ 띠그래프

(2) 그래프를 보는 사람에게 보다 번창하고 있는 가게라는 인상을 주기 위해 어떻게 만들면 좋은지 다음 중 2가지를 골라 답하라.

　　① 세로축 값의 폭을 크게 한다

　　② 세로축 값의 폭을 작게 한다

　　③ 가로축 길이를 길게 한다

　　④ 가로축 길이를 짧게 한다

해답

(1) 변화를 나타내고 싶으므로 **②의 꺾은선그래프**를 사용한다.

(2) 솔직히 말해 회원 수는 별로 늘지 않았다…. 이 데이터로 번창하고 있는 가게라는 인상을 주려면 머리를 써야 한다. 해답 후보 각각에 대해서 그래프를 만들어보자.

다음 페이지처럼 그려보면 같은 데이터라도 '②와 ④', 즉 **세로축 값의 폭은 작게, 가로축 길이는 짧게 한 것**이 증가하고 있다는 느낌을 가장 강하게 준다. 얄팍한 술수라는 느낌은 있지만 세상에는 이런 변형이 들어간

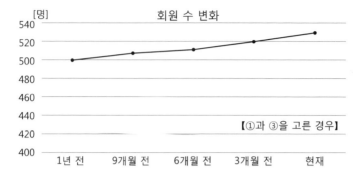

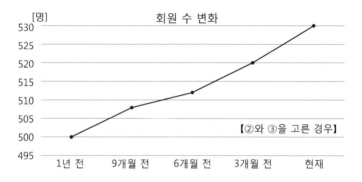

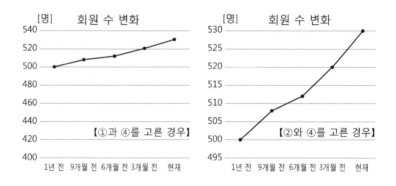

꺾은선그래프가 널렸다. 꺾은선그래프는 한눈에 보이는 인상만으로 판단
하지 않도록 조심하자.

연습문제(정답은 396쪽 참고)

■ **연습 1-1** A~E 5명의 키는 다음 표와 같다. 키의 평균을 구하라.

A	B	C	D	E
162cm	160cm	172cm	167cm	174cm

해답

$$\text{평균} = \frac{\text{합계}}{\text{개수(사람 수)}}$$

이므로

$$5\text{명 키 평균} = \boxed{} = \frac{835}{5} = \boxed{}[\text{cm}]$$

별해

가장 키가 작은 B의 160cm와의 차를 생각해 다음과 같이 쉽게 계산하는 방법도 있다.

	A	B	C	D	E
	162cm	160cm	172cm	167cm	174cm
(160cm와의 차)	2cm	0cm	12cm	7cm	14cm

이므로

$$160\text{cm와의 차의 평균} = \boxed{} = \frac{35}{5} = \boxed{}[\text{cm}]$$

따라서 구하는 평균 키는

$$5명 \ 키 \ 평균 = 160 + \boxed{} = \boxed{} \ [cm]$$

■ **연습 1-2** 다음 질문에 답하라.

(1) A의 하루 점심값 평균이 500엔이라고 하면 A의 월~금요 일의 점심값은 합계 얼마가 될까?

(2) 하루 평균 10문제씩 풀면 250문제가 있는 문제집은 며칠 만에 끝낼 수 있을까?

해답

(1) 월~금의 일수는 5일이다.

$$평균 = \frac{합계}{개수(일수)}$$

이므로

$$A의 \ 점심값 \ 합계 = 점심값 \ 평균 \times 개수(일수)$$
$$= \boxed{} \times 5 = \boxed{} \ [엔]$$

(2) $$평균 = \frac{합계}{개수(일수)}$$

이므로

$$일수 = \frac{합계}{평균} = \frac{\boxed{}}{\boxed{}} = \boxed{} \ [일]$$

주) 아래 ①~③의 식을 바로바로 변형시킬 수 있게 되면 편하다.

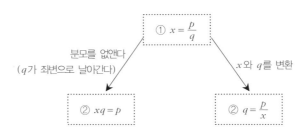

■**연습 1-3** A는 연필을 11자루, B는 35자루를 갖고 있다. 두 사람의 연필 수를 같게 하려면 B가 A에게 몇 자루를 주면 되는가?

해답

'두 사람의 연필 수를 같게 한다=두 사람의 연필 수의 평균을 갖는다'라고 생각하면 되므로 먼저 연필 수의 평균을 구한다.

$$평균 = \frac{\boxed{} + \boxed{}}{\boxed{}} = \frac{46}{2} = \boxed{}[자루]$$

B는 처음에 35자루를 갖고 있었으므로

$$35 - \boxed{} = \boxed{}[자루]$$

이므로 B는 A에게 $\boxed{}$자루를 주면 된다.

다음 각각의 나눗셈이 등분제인지 포함제인지 답 하라.

(1) 거리÷시간=속도

(2) 거리÷속도=시간

해답

(1) 3시간에 12km를 간 경우를 생각해보자. 그러면 '거리÷시간=속도' 에서

$$12 \div 3 = 4$$

로 속도는 시속 4km라고 구할 수 있다.

시속이란 [   ]다. 3시간에 12km를 간 경우의 1시간당 간 거리는 **12km를 셋으로 나누면** 구할 수 있다. 즉 위의 '12÷3=4'는 '12를 3등분하면 하나는 4'라는 의미의 나눗셈이다. 이상에서 '거리÷시 간=속도'는 [   ]다.

(2) 이번에는 12km의 거리를 시속 3km로 간 경우를 생각해보자. 이 경 우 걸리는 시간은 '거리÷속도=시간'에서

$$12 \div 3 = 4$$

로 시간은 4시간 걸린다는 것을 알 수 있다.

시속 3km란 1시간에 3km 간다는 의미로 **12km가 3km의 몇 개 분인지 알면** 12km 가는 데 걸리는 시간을 알 수 있다. 즉 이 '12÷3=4'는 '12 가운데 3은 4개 들어 있다'라는 의미의 나눗셈이다. 이상에서 '거리÷속도=시간'은 □다.

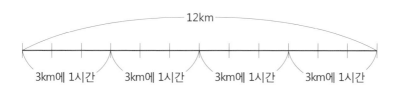

■**연습 1-5** 다음 질문에 답하라.

(1) 정가 5000엔인 스웨터를 70% 가격에 팔고 있다. 판매가 는 얼마가 될까?

(2) 스웨터가 정가의 20% 할인되어 팔리고 있는데, 판매가 는 5600엔이다. 정가는 얼마인가?

해답

(1)
$$비율 = \frac{비교하는\ 양}{기준으로\ 삼은\ 양}$$

이므로 이 문제에서는

$$할인율 = \frac{판매가}{정가}$$

이다. 이것으로부터

$$판매가 = 정가 \times 할인율 = 5000 \times \boxed{} = \boxed{}\,[엔]$$

(2) '정가의 20% 할인＝정가의 80%'라고 생각할 수 있다.

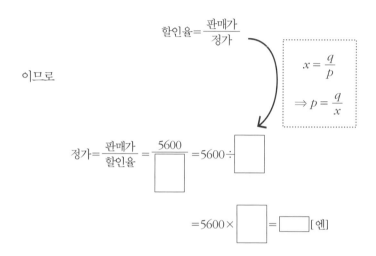

$$할인율 = \frac{판매가}{정가}$$

이므로

$$x = \frac{q}{p}$$
$$\Rightarrow p = \frac{q}{x}$$

$$정가 = \frac{판매가}{할인율} = \frac{5600}{\boxed{}} = 5600 \div \boxed{}$$

$$= 5600 \times \boxed{} = \boxed{}\,[엔]$$

■ **연습 1-6** 원주율(π)에 대해 다음 질문에 답하라.

(1) '지름×원주율＝원둘레'에서 원주율은 무엇의 무엇에 대한 비율인가?

(2) (1)을 이용해 원주율이 3보다는 크고 4보다는 작은 것을 증명하라.

해답

(1)   지름×원주율＝원둘레

에 의해

$$원주율 = \frac{원둘레}{지름}$$

이므로 원주율은 지름을 [＿＿＿＿＿＿], 원둘레를 [＿＿＿＿＿＿]
으로 한 비율이다. 즉 원주율은 [＿＿]의 [＿＿]에 대한 비율이다.

(2) (1)에 의해 원주율은 원둘레의 지름에 대한 비율이므로 원주율의 대
략적인 값을 알기 위해서는 원둘레의 길이를 다른 것에 근사해주면 된다.
아래 그림과 같이 반지름이 1인 원에 내접하는 정육각형과 외접하는 정사
각형을 생각해본다.

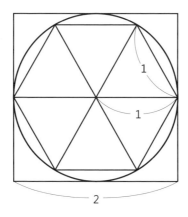

그림에서 명백하게

　　　정육각형 둘레의 길이<원둘레<정사각형 둘레의 길이　　　… ①

이다. 여기서

　　　정육각형 둘레의 길이= [＿＿]
　　　정사각형 둘레의 길이= [＿＿]

이므로 ①에 의해

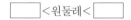

$$\boxed{} < \text{원둘레} < \boxed{}$$

양변을 지름으로 나누면

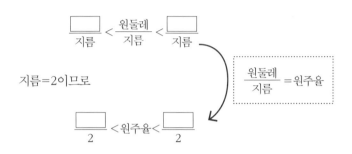

$$\frac{\boxed{}}{\text{지름}} < \frac{\text{원둘레}}{\text{지름}} < \frac{\boxed{}}{\text{지름}}$$

$$\frac{\text{원둘레}}{\text{지름}} = \text{원주율}$$

지름=2이므로

$$\frac{\boxed{}}{2} < \text{원주율} < \frac{\boxed{}}{2}$$

따라서

$$3 < \text{원주율} < 4$$

주〉 고대 그리스의 아르키메데스(Archimedes, 287?~212 B.C)는 원의 안쪽과 바깥쪽에 접하는 2개의 정구십육각형을 생각해서 원주율이

$$\frac{223}{71} < \pi < \frac{22}{7}$$
$$(3.14084\cdots) \quad (3.14285\cdots)$$

임을 밝혀냈다.
예전에 도쿄대 입시에 '원주율이 3.05보다 큰 것을 증명하라'라는 문제가 출제된 적이 있는데, 이것은 원에 내접하는 정십이각형으로 풀면 된다. 자세한 것은 《어른을 위한 수학 공부법》 참고.

■**연습 1-7** 다음과 같은 경우, 어떤 그래프로 나타내면 가장 알기 쉬울까? A~D 중에서 골라 기호로 답하라.

(1) 비율을 나타낸다

(2) 비율을 비교한다

(3) 대소를 나타낸다

(4) 변화를 나타낸다

A. 막대그래프 B. 꺾은선그래프 C. 원그래프 D. 띠그래프

해답

기본 그대로다.

(1) ☐   (2) ☐   (3) ☐   (4) ☐

나가노

오카다 교수님, 이제 지금까지 설명한 수학이 통계에서 어떻게 응용되는지 이야기하려고 하는데요, 사실 저도 통계는 거의 독학을 한 사람이라….

오카다 교수

나가노 씨 세대는 다들 그렇죠. 고등학교 수학에서 〈통계〉를 선택한 사람이 극히 드물잖아요.

나가노

그렇습니다. 게다가 대학에서도 귀찮다는 생각에 제대로 공부를 하지 않았고요. 20년 전에는 요즘 같은 세상이 오리라고는 꿈에도 생각을 못했으니까요….

오카다 교수

괜찮아요. 통계 부분을 설명할 때는 제가 옆에서 감시의 눈을 번뜩이고 있잖아요! 게다가 그런 사람이 오히려 독자의 눈높이에 맞는 책을 쓸 수 있지 않을까요?

나가노

그렇게 말씀해주시니 안심이 됩니다. 제가 독학으로 공부할 때 궁금하게 생각했던 것, **학원에서 가르칠 때 통계를 배우는 학생들이 잘 이해하지 못하던 부분**을 중심으로 최대한 쉽게 이야기할 테니 이상한 부분이 있으면 지적해주세요!

오카다 교수

그럴게요.

나가노

앞으로 '데이터 정리'의 기본인 **히스토그램이나 대푯값** 등을 이야기할 예정입니다. 먼저 지금까지 배운 수학과 이후 통계의 관계를 나타내는 도표를 볼까요.

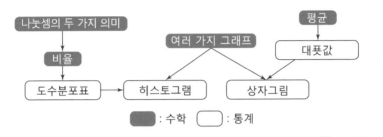

오, 이걸 보면 독자 여러분이 길을 잃지 않고 잘 따라올 수 있겠는데요.

오카다 교수

05
데이터와 변량

앞에서 '데이터'라는 단어를 여러 번 썼는데 '데이터'란 일상적으로 광범위하게 사용되는 표현이라 오해의 소지가 있다. 다시 한번 '데이터'와 '변량'의 정의를 확인해두자.

예를 들면 [예제 1-1]에 나온 A반 6명의 수학 시험 점수는

50   60   40   30   70   50 (점)

이었는데 이 6개의 값 전체를 '**데이터(data)**'라고 한다. 그리고 조사 대상이 되는 항목(이 경우는 수학 시험 점수)이 '**변량(variate)**'이다.

> 주) 변량은 '변수(variable)'라고도 한다. 통계에서는 엄밀히 말하면 변량과 변수가 다른 용어지만 이 책의 범위에서는 같은 의미라고 생각하자.

질적 데이터

'**질적 데이터**'란 '**카테고리컬 데이터**'라고도 불리며 혈액형이나 선호하는 음식, 지지하는 정당 등과 같이 헤아릴 수 없는 변량(질적

변량)으로 이루어진 것을 말한다. 질적 데이터는 '1: A형, 2: B형, 3: O형, 4: AB형'이나 '1위: 햄버거, 2위: 라면, 3위: 초밥, 4위: 불고기'와 같이 각 선택 항목에 번호를 붙였을 때 이 숫자를 더하거나 빼는 일이 무의미하다(이 책에서 앞으로 질적 데이터는 다루지 않는다).

양적 데이터

숫자를 더하거나 빼는 것에 의미가 있는 변량(**양적 변량**)으로 이루어진 데이터를 '**양적 데이터**'라고 한다. 양적 데이터는 다시 둘로 분류할 수 있는데 하나는 주사위의 눈이나 자동차 대수, 사람수 등과 같이 듬성듬성한 값만 얻을 수 있는 것(**이산형 데이터**)이고 다른 하나는 키나 체중, 시간 등과 같이 연속하는 값을 얻을 수 있는 것(**연속형 데이터**)이다.

'이산형 데이터'나 '연속형 데이터'라는 용어는 익숙해지지 않으면 어렵게만 느껴진다. 쉽게 말해 '이산형 데이터'란 이웃하는 2개 사이에 다른 값이 없는 것을 말한다. 예를 들면 주사위는 1과 2 사이에 '1.5'라는 눈은 없다. 또 자동차를 셀 때 10대와 11대 사이에 '10.5'대라는 값을 얻을 수도 없다. 이처럼 데이터를 수치선상에 놓았을 때 듬성듬성한 값만 얻을 수 있는 것이 '이산형'이다.

그러나 키의 경우 170cm와 171cm 사이에 170.5cm인 사람이 있는 것은 보통이고, 엄밀히 측정하면 170.5cm와 170.6cm 사이에 170.55cm인 사람이 있어도 전혀 이상하지 않다. 이처럼 아무리 세분화시켜도 많은 데이터가 모이는 경우가 '연속형'이다.

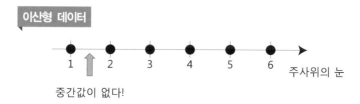

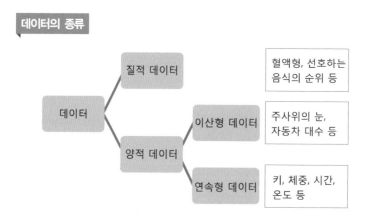

데이터를 정리할 때 가장 기본적인 순서는 다음과 같다.

데이터 정리 순서

(i) 도수분포표로 정리한다

(ii) 히스토그램을 만든다

도수분포표

먼저 몇 가지 용어를 알아두자.

- **계급**: 데이터를 몇 개의 동등한 폭으로 나눈 구간
- **계급값**: 각 계급의 중앙값
- **도수**: 각각의 계급에 들어가는 데이터의 수
- **상대도수**: 도수의 합계에 대한 각 계급 도수의 비율
- **누적상대도수**: 그 계급 이하의 상대도수의 합계

도수분포표란 **각 계급마다 도수, 상대도수, 누적상대도수 등을 정리한 표**다…. 이 말이 무슨 뜻인지 아직 감이 잡히지 않을 것이다. 이럴 때는 실제로 해보는 것이 최고! 예를 하나 들어보자. N수학학원에서 학생 40명에게 쪽지시험(100점 만점)을 실시했다. 아래 표는 그 결과를 정리한 것이다.

아래 표만 봐서는 데이터 전체의 경향이나 특징을 알 수 없다. 그래서 N선생은 이를 도수분포표로 정리하기로 했다. 그러기 위해 데이터를 점수순으로 바꿔서 배열했다. 뭐, 엑셀을 사용하면 누워

N수학학원의 쪽지시험 결과

51	60	80	39	70	55	51	96
92	82	54	44	94	77	43	13
34	44	81	28	88	33	97	65
88	93	88	48	30	28	92	57
52	21	59	78	65	80	37	68

서 떡 먹기다.

13	21	28	28	30	33	34	37
39	43	44	44	48	51	51	52
54	55	57	59	60	65	65	68
70	77	78	80	80	81	82	88
88	88	92	92	93	94	96	97

다음으로 해야 할 일은 **계급의 폭을 정하는** 것이다. '10 이상~15 미만' '15 이상~20 미만'… 등으로 5점마다 하든, '0 이상~20 미만' '20 이상~40 미만'… 등으로 20점마다 하든 전혀 상관없다. 단 **계급의 폭이 너무 좁으면 표가 복잡해지고 반대로 너무 넓으면 데이터의 경향을 알기 힘드므로 주의해야 한다.**

이번에는 최저점이 13점, 최고점이 97점이므로 '10 이상~20 미만'으로 시작해서 10점씩으로 정하자(도수분포표의 완성형은 54쪽에 있다).

오카다 교수

계급의 폭을 정할 때는 다음과 같은 JIS 규격이 있다.

[계급폭의 결정(JIS: Z9041-1)]
최솟값과 최댓값을 포함해 5~20에서 똑같은 간격으로 나눠지

도록 구간의 폭을 정한다. 즉 계급폭은 R(범위)을 1, 2, 5(또는
10, 20, 50; 0.1, 0.2, 0.5 등) 등으로 나눴을 때 그 값이 5~20 사
이에 있는 것을 선택하면 된다. 만일 둘 이상이라면 샘플 크기
가 100 이상인 경우에는 폭이 작은 것을, 99 이하인 경우에는
폭이 큰 것을 이용한다.

간단히 정리하면 다음과 같다.

- 계급의 폭은 1, 2, 5, 10, 20, 50 등에서 자르기 좋은
  값을 선택한다
- 계급 수가 5~20의 범위 내에 있게 한다
- 계급의 종류가 너무 많거나 너무 적거나 하지 않게 한다

위의 예에서는

$$R(범위): 97 - 13 = 84$$

이며

$$84 \div 1 = 84$$
$$84 \div 2 = 42$$
$$84 \div 5 = 16.8$$
$$84 \div 10 = 8.4$$
$$84 \div 20 = 4.2$$

이므로 몫이 '5~20'이 되는 것은 '5'나 '10'으로 나누었을 때
이다. 지금 샘플의 크기(학생 수)는 40(명)이므로 이것은 99 이
하에서 계급의 폭이 큰 쪽, 즉 '10'을 선택하는 것이 JIS 규격
에 적합하다.

N수학학원의 쪽지시험 결과(도수분포표)

계급[점]	계급값[점]	도수[명]	상대도수	누적상대도수
이상~미만 10~20	15	1	0.025	0.025
20~30	25	3	0.075	0.100
30~40	35	5	0.125	0.225
40~50	45	4	0.100	0.325
50~60	55	7	0.175	0.500
60~70	65	4	0.100	0.600
70~80	75	3	0.075	0.675
80~90	85	7	0.175	0.850
90~100	95	6	0.150	1.000
합계		40	1.000	

도수분포표를 볼 때 주의점

（ⅰ） **도수분포표에서는 각 데이터의 구체적인 값은 알 수 없다.** 예를 들면 원래 데이터에서는 '40 이상~50 미만'인 데이터가 '43, 44, 44, 48'의 4개인데 도수분포표상에는 이들 모두를 계급값 '45'로 생각한다. 계급값이 그 계급을 대표한다.

（ⅱ） 상대도수는 '도수의 합계에 대한 각 계급 도수의 비율'이므로

$$상대도수 = \frac{주목하고\ 있는\ 계급의\ 도수}{도수의\ 합계}$$

로 계산한다. '40 이상~50 미만'인 경우

$$상대도수 = \frac{4}{40} = 0.100$$

이다.

(iii) 주목하는 도수가 전체의 몇 %에 해당하는가보다는 **주목하는 계급 이하(이상)가 전체의 몇 % 이하(이상)가 되는지를 알고 싶을 때도 있다.** 그럴 때는 누적상대도수를 보자.

예를 들면 '10 이상~60 미만'인 **누적도수**는

$$0.025 + 0.075 + 0.125 + 0.100 + 0.175 = 0.500$$

에 의해 0.500이므로 60점 미만인 학생이 전체의 50%를 차지하고 있음을 알 수 있다.

06
히스토그램

자료를 도수분포표로 정리하면 원 데이터보다 전체 특징을 잘 파악할 수 있다. 그러나 숫자에 약한 사람은 표를 보아도 아무 느낌을 받지 못할지도 모른다. 그래서 데이터 전체를 보다 직감적으로 나타내기 위해 **히스토그램**이라는 그래프를 사용한다. 히스토그램이란 도수분포표의 계급을 가로축으로, 도수를 세로축으로 한 **막대그래프**(기둥 모양 그래프)를 말한다.

옆 페이지 상단의 그래프는 'N수학학원 쪽지시험 결과'의 도수분포표로 만든 히스토그램이다. **꺾은선그래프는 누적상대도수**를 나타낸다. 히스토그램으로 만들면 전체 데이터의 특징을 쉽게 알 수 있다. 이번 쪽지시험에서는 '50 이상~60 미만'과 '80 이상~90 미만'이 많이 튀어나와 있으며, 학생의 성적이 약간 양극화되어 있는 것 같다. N선생님은 골치가 좀 아프겠다….

또한 누적상대도수의 꺾은선그래프로 어느 계급 이상의 전체에 대한 비율만 알 수 있는 건 아니다. 옆 페이지 하단의 그래프와 같

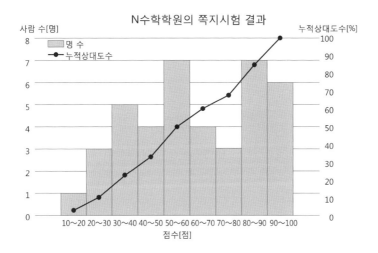

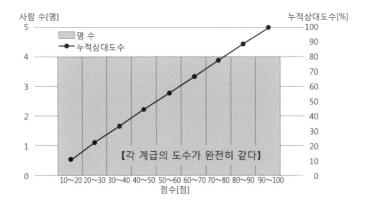

이 각 계급의 **도수가 완전히 같은 경우** 누적상대도수의 꺾은선그래 프는 직선이 된다.

또한 히스토그램이 아름다운 산 모양인 경우 꺾은선그래프는 S자형(알파벳 S를 늘린 모양)이 된다.

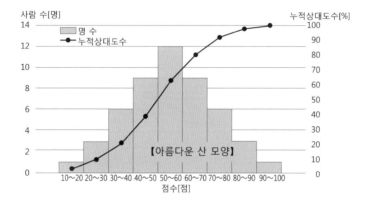

히스토그램 그릴 때 주의점

(i) **최초와 최후 계급의 이웃은 한 계급 분만큼 띄운다.** 이것은 계급의 **최솟값**(10 이상~20 미만)과 **최댓값**(90 이상~100 미만)을 확실하게 하기 위해서다.

(ii) 일반적으로 히스토그램에서는 세로막대의 간격을 **띄우지 않는다.**

07
대푯값

데이터를 알기 쉽게 그래프(히스토그램)로 정리하는 방법을 배웠다. 그런데 좀 더 간결하게 데이터의 경향이나 특징을 나타낼 수 있는 것이 여기서 배울 **대푯값**이다. 대푯값 중에 가장 자주 활용되는 것이 이미 이야기한 '평균'이다. 독자 여러분 중에는 학창시절 선생님한테 '우리 반의 평균은 62점인데 옆반은 70점이에요. 여러분, 너무 해이해져 있는 것 아니에요?' 하는 말을 들은 적이 있을 것이다. 이 경우, 평균은 학급 전체의 성적을 대표한다.

그런데 나는 고등학생 때 이런 말을 들으면 속으로 '하지만 옆반에는 전교 1등인 다나카와 전교 2등인 스즈키가 있잖아요. 평균만으로 비교하는 것은 납득할 수 없는데요'라는 (참으로 시건방진) 생각을 했다.

앞에서 보았듯이 평균이란 전체를 평평하게 했을 때의 값이므로 두드러지게 점수가 높은 사람이나 낮은 사람이 있으면 평균도 그에 따라 위아래로 움직인다. 실제로 앞의 [예제 1-1]에서는 A반과

B반이 평균은 같지만 B반의 경우는 100점인 학생이 학급의 평균을 끌어올렸다.

대푯값에는 이외에도 **중앙값**과 **최빈값**이라는 것이 있다.

- **중앙값**(median): 데이터를 크기순으로 나열했을 때 중앙에 오는 값. 미디언이라고도 한다. 구하는 순서는 다음과 같다(데이터의 개수가 홀수나 짝수냐에 따라 다르므로 주의하자).

중앙값

(i) 데이터를 크기순으로 나열한다

(ii)

[데이터 개수가 홀수인 경우]

중앙값=딱 한가운데의 값

[데이터 개수가 짝수인 경우]

중앙값=한가운데 있는 2개 값의 평균

[예제 1-1]과 같은 데이터로 중앙값을 계산해보자.

예제 1-5 다음 표는 A반과 B반의 수학 시험 점수를 정리한 것이다. 각 학급의 중앙값을 구하라.

A반[점]	50	60	40	30	70	50
B반[점]	40	30	40	40	100	

먼저 각 학급의 점수를 크기순으로 나열한다.

$$A반: \quad 30 \quad 40 \quad 50 \quad 50 \quad 60 \quad 70$$

$$B반: \quad 30 \quad 40 \quad 40 \quad 40 \quad 100$$

데이터의 개수가 짝수인 경우

A반의 데이터 개수는 짝수(6개)이므로 중앙값은 한가운데 있는 2개 값의 평균이 된다.

$$A반의 중앙값 = \frac{50+50}{2} = \frac{100}{2} = 50[점]$$

데이터의 개수가 홀수인 경우

B반의 데이터 개수는 홀수(5개)이므로 중앙값은 한가운데 값이다.

B반의 중앙값=40[점]

A반과 B반의 평균은 같지만(50점), 중앙값은 B반이 낮다. B반과 같이 데이터에서 **벗어난 값**(다른 것과 비교해서 두드러지게 크거나 작은

값)이 있는 경우 평균은 그 벗어난 값의 영향을 받아 큰 값, 또는 작은 값을 갖기 쉬워진다. 이럴 때는 평균보다 중앙값으로 데이터를 대표하는 것이 적절하다. 다음은 최빈값이다.

• **최빈값**(mode): 도수가 가장 많은 데이터의 값. 모드라고도 한다.

같은 데이터로 A반과 B반의 최빈값을 구해보자. 각 반의 점수별 도수(사람 수)를 구해보면 다음과 같다.

점수	30	40	50	60	70	80	90	100
A반[명]	1	1	2	1	1	0	0	0
B반[명]	1	3	0	0	0	0	0	1

A반의 최빈값: 50[점]

B반의 최빈값: 40[점]

주) 최빈값은 A반의 2나 B반의 3이 아니라 각각의 데이터 값인 50, 40이 된다.

오카다 교수

• 양적 데이터에서는 계급을 만든 다음 도수가 가장 큰(히스토그램에서 가장 높은 막대) 계급의 계급값을 최빈값으로 생각한다.
• 최빈값은 데이터 자체보다 확률분포(뒤에 나온다)에서 훨씬 중요하다. 특히 **정규분포**(뒤에 나온다)**의 경우**는 다음과 같이 된다.

중앙값=최빈값=평균

08
데이터의 분포 상태를 조사한다

[예제 1-1]의 대푯값(평균, 중앙값, 최빈값)을 정리해두자.

	평균	중앙값	최빈값
A반	50	50	50
B반	50	40	40

이것만 보고도 '아하, B반에는 뛰어나게 성적이 좋은 학생이 있구나' 하고 알아차릴 사람도 있겠지만 그래도 각 반의 '데이터(점수) 분포 상태'를 한눈에 파악하기는 힘들다. 데이터 분포 상태는 보통 **분산**과 **표준편차**로 많이 알아보는데 이를 이해하려면 좀 더 수학적인 준비가 필요하므로 다음 장으로 미루기로 하고, 여기서는 보다 직감적으로 이해가 가능한 **5가지 값**을 소개한다.

최솟값과 최댓값

데이터의 고르기 정도를 조사하는 데 가장 간단한 방법은 최솟값과 최댓값을 찾는 것이다.

$$A반:\ 30\quad 40\quad 50\quad 50\quad 60\quad 70$$
$$B반:\ 30\quad 40\quad 40\quad 40\quad 100$$

A반의 **최솟값은 30점, 최댓값은 70점,**

B반의 **최솟값은 30점, 최댓값은 100점**이다.

각각에 대해 '최댓값-최솟값'의 **범위**를 구해보면

$$A반의\ 범위=70-30=40[점]$$
$$B반의\ 범위=100-30=70[점]$$

이므로 B반의 데이터 범위가 넓음을 알 수 있다. 단 이 최댓값과 최솟값, 범위만으로는 B반에 두드러지게 높은 점수를 받은 한 학생이 있다는 것은 아직 알 수 없다. 그래서 더 자세히 조사하기 위해 **사분위수**를 생각한다.

사분위수

사분위수(quantile)란 데이터를 크기순으로 배열했을 때 4등분하는 3개의 수치를 말하며 작은 것부터 **제1사분위수, 제2사분위수, 제3사분위수**라고 부른다.

보통 제2사분위수는 데이터의 중앙값과 일치한다.

그림으로 하면 다음 페이지 상단과 같은 느낌이다. 그렇다면 사분위수를 구하는 방법을 알아보자.

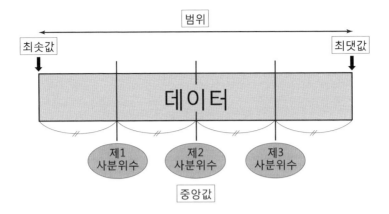

사분위수를 구하는 순서는 다음과 같다.

사분위수를 구하는 방법

(i) 데이터의 최솟값과 최댓값을 구한다

(ii) 데이터의 중앙값을 구한다 → 제2사분위수

(iii) 중앙값 아래쪽 절반의 중앙값을 구한다 → 제1사분위수

(iv) 중앙값 위쪽 절반의 중앙값을 구한다 → 제3사분위수

구체적인 방법은 데이터의 개수가 짝수인지 홀수인지에 따라 다르다. 다시 [예제 1-1]의 A반(짝수)과 B반(홀수)의 데이터를 사용해 구하는 방법을 알아보자. 다음 페이지 상단에 자세히 나와 있다. 데이터 개수가 짝수일 때가 좀 헷갈리니 잘 알아두자.

데이터의 분포 상태를 조사하기 위한 최솟값, 최댓값 그리고 3개의 사분위수를 합쳐서 **5수요약**이라고 한다.

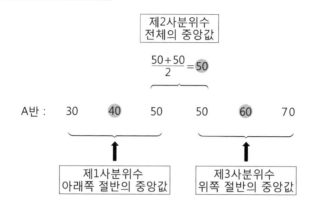

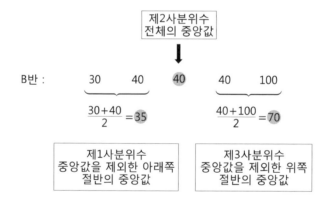

A반과 B반의 데이터에 대해 5수요약을 정리하면 아래와 같다.

	최솟값	제1사분위수	제2사분위수	제3사분위수	최댓값
A반	30	40	50	60	70
B반	30	35	40	70	100

이 표만 보면 A반은 5수요약의 간격이 모두 같다. 반면 B반은

$$제1사분위수 - 최솟값 = 35 - 30 = 5$$

$$제2사분위수 - 제1사분위수 = 40 - 35 = 5$$

$$제3사분위수 - 제2사분위수 = 70 - 40 = 30$$

$$최댓값 - 제3사분위수 = 100 - 70 = 30$$

으로 5수요약의 간격이 제각각이며, 특히 제2사분위수보다 위의 간격이 넓다는 사실에서 중앙값보다 위쪽 절반의 데이터가 아래쪽 절반보다 흩어져 있음을 알 수 있다.

단 역시 수학을 못하는 사람은 이 표를 보고 지금까지 설명한 것들을 읽어내기 힘들지도 모르겠다. 이럴 때는…, 그렇다! 그래프가 등장할 차례다!

09
상자그림

5수요약으로 데이터의 분포 상태를 나타내는 그래프를 **상자그림**이라고 한다. 아래 그림을 보자.

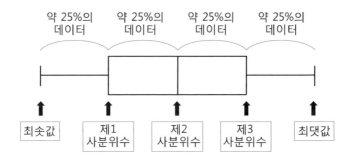

5수요약의 **각 구획에는 모든 데이터의 약 25%씩이 포함되어 있으므로** 각각의 길이가 균등하다면 데이터의 분포 상태 역시 일률적임을 알 수 있다. 아니라면 데이터의 분포 상태에 치우침이 있는 것이다. 이제 A반과 B반의 5수요약을 상자그림으로 나타내보자. 그림의 '+'는 평균(50점)을 나타낸다.

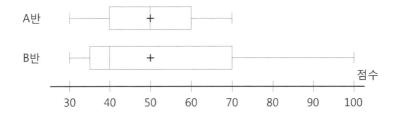

이렇게 상자그림으로 나타내면 A반에 비해 B반의 데이터 범위가 훨씬 넓음을 금방 알 수 있다. 또 A반은 데이터 분포 상태가 균등한데 B반은 중앙값(제2사분위수)보다 아래의 데이터는 좁은 범위에 모여 있고, 위는 넓은 범위에 흩어져 있음을 한눈에 알 수 있다.

앞에서 도수분포표와 히스토그램을 만들 때 사용한 N학원의 쪽지시험 결과도 5수요약과 평균을 구해 상자그림을 그려보자.

N학원의 쪽지시험 결과(점수순)

13	21	28	28	30	33	34	37
39	43	44	44	48	51	51	52
54	55	57	59	60	65	65	68
70	77	78	80	80	81	82	88
88	88	92	92	93	94	96	97

먼저 5수요약은 아래와 같다(여력이 있는 사람은 스스로 확인해보자!).

최솟값	제1사분위수	제2사분위수	제3사분위수	최댓값
13	43.5	59.5	81.5	97

평균은 61.375[점]이다. 이상을 상자그림으로 나타내보자.

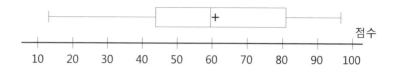

자, 이 상자그림으로 무엇을 알 수 있을까?

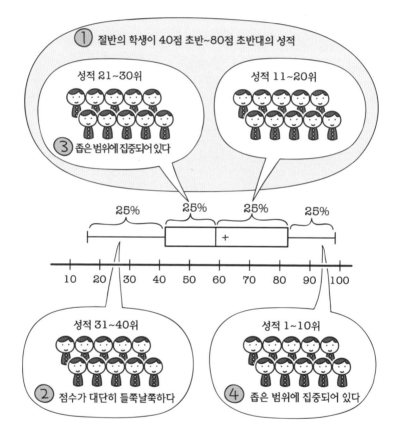

① 절반의 학생이 40점 초반~80점 초반대의 성적을 거두었다

② 성적이 하위 25%인 학생은 점수가 대단히 들쭉날쭉하다

③ 성적이 하위 25~50%인 학생의 점수는 좁은 범위에 집중되어 있다

④ 성적이 상위 25%인 학생은 점수가 좁은 범위에 집중되어 있다

참고로 같은 시험 결과의 히스토그램은 이렇다.

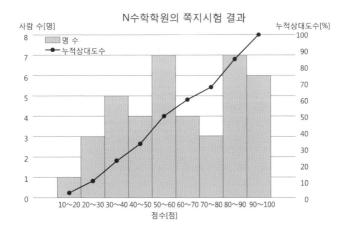

히스토그램에서 도수가 높은 부분은 상자그림에서는 간격이 좁아진다는 것을 알 수 있다.

[일본수학회 문제 답]

(1) 평균≠중앙값이므로 ×

(2) 평균×사람 수(개수) = 합계이므로 ○

(3) 평균으로 데이터의 분포 상태(도수분포)는 알 수 없으므로 ×

2장

데이터 분석을 위한
기본 수학

이번 장의 목적은 한마디로 데이터의 평균 주변 분포 상태를 나타내는 **표준편차를 이해하고 사용할 수 있게 되는 것**이다.

1장에서 배운 대푯값이나 히스토그램은 수집한 데이터에 대한 1차적인 '분석'인데, 엄밀히 말하면 '정리' 기법이었다. 반면에 **표준편차**는 데이터 분석에 중요한 역할을 하며, 이 책의 다음 단계인 '추론통계'에서도 큰 활약을 한다. 표준편차야말로 **통계 전체를 지탱하는 기본**이라고 해도 과언이 아니다.

표준편차를 이해하고 사용하기 위해서는 **제곱근**($\sqrt{}$, **루트)과 분배법칙, 다항식 계산법** 등을 알아야 한다. 이는 주로 중학교 2~3학년 때 배우는 내용인데 **이 무렵부터 이미 수학을 힘들어하는 사람이 적지 않다.** 초등 수학~중학교 1학년 수준의 수학까지라면 괜찮은 사람도 $\sqrt{}$ 를 보면 '아, 이건 무리일 것 같아…' 하고 좌절하거나, 약간 복잡한 문자식(다항식)이 나오면 조건반사적으로 **식은땀을 흘리는** 사람이 많다.

하지만 걱정은 접어두자. 내 경험에서 말하자면 이번 장에서 배울 내용을 힘들어하는 사람이 많은 건 사실이지만, 시간을 들여 확실하게 익히면 어떤 학생이라도 **반드시 장벽을 뛰어넘을 수 있다.** 지금이야말로 못한다는 생각을 날려버릴 기회라고 생각하고 종이와 연필로 단단히 무장하고 한번 덤벼들어보자.

01
제곱근

먼저 '**제곱근**'의 정의부터 알아보자. '제곱'이란 같은 수를 거듭 곱한 것을 말하며 '근'은 그것의 근원이 되는 수다.

제곱근의 정의

제곱하면 a가 되는 수를 a의 제곱근이라고 한다.

바꿔 말하면 a의 제곱근이란

$$x^2 = a$$

의 해를 말한다. 예를 들어 $a = 4$인 경우

$$x^2 = 4$$

이며

$$2^2 = 4$$

$$(-2)^2 = 4$$

이므로

$$x = \pm 2$$

로 4의 제곱근은 2나 −2임을 알 수 있다(2개 있다!).

주) 일반적으로 a가 정수인 경우 a의 제곱근은 양수와 음수의 2개가 있다. 2개를 합쳐서 '±○'라고 써도 된다. '±'는 '복호(復號)'라고 한다.

루트(근호)

4의 제곱근이 2와 −2인 것은 그렇다 해도, 예를 들어 5의 제곱근은 얼마일까? '5의 제곱근'은 제곱해서 5가 되는 수다.

$$2^2 = 4$$

$$3^2 = 9$$

이므로 5의 제곱근(중에서 양수인 것)은 2와 3 사이의 수일 것이다. 그러나 이것은 너무 대략적이므로 좀 더 자세하게 계산해보자.

$$2.2^2 = 4.84$$

$$2.3^2 = 5.29$$

이렇게 하면 5의 제곱근(중에서 양수)은 2.2와 2.3 사이의 수임을 알 수 있다. 좀 더 세밀히 계산해보자.

$$2.23^2 = 4.9729$$
$$2.24^2 = 5.0176$$

흠, 5의 제곱근(중에서 양수)은 2.23과 2.24 사이의 수인 것 같다. 사실 아무리 소수점 이하를 계속 계산해도 **제곱했을 때 딱 떨어지게 5가 되는 수는 찾아낼 수 없다.** 하지만 제곱해서 5가 되는 수는 세상에 분명 존재한다. 단지 구체적인 값을 모를 뿐이다.

'5의 제곱근'은 이 근처에 있다!

일반적으로 4나 9, 16 등과 같이 **어떤 정수의 제곱인 수**(제곱수라고 한다) **이외의 제곱근은 유한의 소수나 분수로는 나타낼 수 없다**고 알려져 있다. 실제로 5의 제곱근은

$$2.2360679774997896964091736687313\cdots$$

으로 소수점 이하가 무한히 계속되는 수다.

> **주)** 제곱수 이외의 제곱근을 유한한 소수나 유리수로 나타낼 수 없다는 것은 '배리법'으로 증명 가능하다. 이에 대해서는 《어른을 위한 수학 공부법》 참고.

유한한 소수나 분수로는 나타낼 수 없지만 분명 존재하는 제곱수 이외의 제곱근을 나타내기 위하여 수학은 $\sqrt{}$ (루트)라는 것을 만들어냈다. 루트의 정의는 이렇다.

$\sqrt{}$ **(루트: 근호)**

a의 제곱근 중에 양수를 $\sqrt{a}$ 로 나타내고 '루트 a'라고 읽는다.

$\sqrt{}$ 를 사용하면 제곱근은 다음과 같이 나타낼 수 있다.

$$a\text{의 제곱근은 } \sqrt{a} \text{ 와 } - \sqrt{a}\,(\pm \sqrt{a})$$

---

a의 제곱근은 $x^2 = a$의 해였으므로

$$x^2 = a \text{의 해는 } x = \pm \sqrt{a} \text{ 다}$$

라고도 말할 수 있다. 그러므로 5의 제곱근은 $\pm \sqrt{5}$ 다.

그런데 4의 제곱근은 ± 2였다. 한편 루트를 사용하면 4의 제곱근은 $\pm \sqrt{4}$ 다. 엇? 4의 제곱근을 나타내는 방식은 2종류가 있다는 말일까? 그렇다!

$$4\text{의 제곱근} = \pm \sqrt{4} = \pm 2$$

루트 안이 제곱수(어떤 정수의 제곱인 수)일 때 다음과 같이 하여 루트를 벗길 수 있다.

$\sqrt{}$ 를 벗기기 위해서는 제곱수가 머릿속에 들어 있어야 한다. 15의 제곱 정도까지는 술술 나오도록 외워두면 편리하다.

제곱수

$1(=1^2)$	$4(=2^2)$	$9(=3^2)$	$16(=4^2)$	$25(=5^2)$
$36(=6^2)$	$49(=7^2)$	$64(=8^2)$	$81(=9^2)$	$100(=10^2)$
$121(=11^2)$	$144(=12^2)$	$169(=13^2)$	$196(=14^2)$	$225(=15^2)$

예제 2-1 다음 수를 $\sqrt{}$ 를 사용하지 않고 나타내보라.

(1) $\sqrt{9}$

(2) $\sqrt{121}$

(3) $\sqrt{\dfrac{9}{4}}$

(4) $\sqrt{0.25}$

해답

(1) $\sqrt{9} = \sqrt{3^2} = 3$

(2) $\sqrt{121} = \sqrt{11^2} = 11$

(3) $\sqrt{\dfrac{9}{4}} = \sqrt{\left(\dfrac{3}{2}\right)^2} = \dfrac{3}{2}$

(4) $\sqrt{0.25} = \sqrt{(0.5)^2} = 0.5 \quad \left(\sqrt{0.25} = \sqrt{\dfrac{25}{100}} = \sqrt{\left(\dfrac{5}{10}\right)^2} = \dfrac{5}{10} = 0.5 \right)$

02
제곱근의 계산

$\sqrt{}$ 를 벗길 수 없는 수는 유한한 소수나 분수로 나타낼 수 없으므로 일반적으로 계산할 때 미지수(문자)처럼 취급한다.

$\boxed{\text{덧셈}}$ $2\sqrt{3} + 3\sqrt{3} = 5\sqrt{3}$ $(2a + 3a = 5a)$

$\boxed{\text{뺄셈}}$ $4\sqrt{7} - \sqrt{7} = 3\sqrt{7}$ $(4a - a = 3a)$

곱셈과 나눗셈은 그냥 할 수 있다.

$\boxed{\text{곱셈}}$ $\sqrt{3} \times \sqrt{5} = \sqrt{3 \times 5} = \sqrt{15}$

$\boxed{\text{나눗셈}}$ $\sqrt{6} \div \sqrt{2} = \sqrt{\dfrac{6}{2}} = \sqrt{3}$

주) 궁금해하는 사람이 있을 것 같아 곱셈과 나눗셈을 그냥 할 수 있는 이유를 말해둔다.
x를 a의 양의 제곱근, y를 b의 양의 제곱근이라고 하자. 즉

$$\begin{cases} x = \sqrt{a} \\ y = \sqrt{b} \end{cases} \Rightarrow \begin{cases} x^2 = a \\ y^2 = b \end{cases}$$

이다. 이것을 사용하면

$$\sqrt{a} \times \sqrt{b} = x \times y = \sqrt{(x \times y)^2} = \sqrt{x^2 \times y^2} = \sqrt{a \times b}$$

가 되므로

$$\sqrt{a} \times \sqrt{b} = \sqrt{a \times b}$$

임을 알 수 있다. 나눗셈은 역수로 바꿔 곱셈으로 고치면 마찬가지다.

단 2종류 이상의 제곱근이 들어간 덧셈이나 뺄셈은 주의한다.

$$\sqrt{a} + \sqrt{b} = \sqrt{a+b}$$
$$\sqrt{a} - \sqrt{b} = \sqrt{a-b}$$

와 같이는 **할 수 없다.** 이것이 옳지 않다는 것은 구체적으로 생각해 보면 금방 알 수 있다.

$$\sqrt{4} + \sqrt{1} = 2 + 1 = 3$$
$$\sqrt{4+1} = \sqrt{5} = 2.23620679\cdots$$

이므로

$$\sqrt{4} + \sqrt{1} \neq \sqrt{4+1}$$

은 명확하다. 마찬가지로 뺄셈도

$$\sqrt{16} - \sqrt{9} = 4 - 3 = 1$$
$$\sqrt{16-9} = \sqrt{7} = 2.64575\cdots$$

이므로 명백하게 옳지 않다.

$$\sqrt{16} - \sqrt{9} \neq \sqrt{16-9}$$

제곱근을 간단히 한다

제곱근 계산을 간단히 하는 방법을 소개한다.

제곱근 간단히 하기

$a > 0$, $b > 0$일 때

$$\sqrt{a^2 \times b} = \sqrt{a^2} \times \sqrt{b} = a\sqrt{b}$$

주) 일반적으로 $\sqrt{a^2} = |a|$ (a가 음수일 때는 $-a$)이지만 여기서는 $a > 0$으로 한다.

$$\sqrt{a^2} = a$$

한번 계산해보자.

$$\sqrt{8} = \sqrt{4 \times 2} = \sqrt{2^2 \times 2} = \sqrt{2^2} \times \sqrt{2} = 2\sqrt{2}$$

$$\sqrt{18} = \sqrt{9 \times 2} = \sqrt{3^2 \times 2} = \sqrt{3^2} \times \sqrt{2} = 3\sqrt{2}$$

$$\sqrt{75} = \sqrt{25 \times 3} = \sqrt{5^2 \times 3} = \sqrt{5^2} \times \sqrt{3} = 5\sqrt{3}$$

예제 2-2 다음을 계산하라.

(1) $4\sqrt{3} + 5\sqrt{3}$ (2) $\sqrt{20} - \sqrt{5}$

(3) $2\sqrt{8} \times 3\sqrt{2}$ (4) $\sqrt{84} \div \sqrt{7}$

해답

(1) $4\sqrt{3} + 5\sqrt{3} = 9\sqrt{3}$

(2) $\sqrt{20} - \sqrt{5} = \sqrt{4 \times 5} - \sqrt{5}$

$\qquad = \sqrt{2^2 \times 5} - \sqrt{5}$

$\qquad = \sqrt{2^2} \times \sqrt{5} - \sqrt{5}$

$\qquad = 2 \times \sqrt{5} - \sqrt{5}$

$\qquad = 2\sqrt{5} - \sqrt{5} = \mathbf{\sqrt{5}}$

(3) $2\sqrt{8} \times 3\sqrt{2} = 2 \times 3 \times \sqrt{8 \times 2}$

$\qquad = 6 \times \sqrt{16} = 6 \times \sqrt{4^2} = 6 \times 4 = \mathbf{24}$

(4) $\sqrt{84} \div \sqrt{7} = \sqrt{\dfrac{84}{7}} = \sqrt{12}$

$\qquad = \sqrt{4 \times 3} = \sqrt{2^2 \times 3} = \sqrt{2^2} \times \sqrt{3} = 2 \times \sqrt{3}$

$\qquad = \mathbf{2\sqrt{3}}$

문자식의 규칙

앞으로 문자식을 활용할 일이 많으므로 수식 안에서 문자를 사용할 때의 규칙을 확인해두자.

문자식의 규칙

• 규칙 1: 곱셈 기호(×)는 생략한다.

$$a \times b = ab$$

• 규칙 2: 숫자와 문자를 곱할 때는 숫자를 먼저 쓴다.

$$a \times 3 = 3a$$

- 규칙 3: 같은 문자를 곱할 때는 제곱을 사용해서 쓴다

$$a \times a = a^2$$

- 규칙 4: 나눗셈 기호(÷)는 사용하지 않고 분수로 표시한다.

$$a \div 2 = \frac{a}{2}$$

또한 '1'이나 '−1'을 곱할 때는 1을 생략하므로 주의하자.

$$1 \times a = a$$
$$(-1) \times a = -a$$

<table>
<tr><td>예</td></tr>
</table>

① $x \times 4 \times y = 4xy$ [숫자를 앞에]

② $a + b \div 2 = a + \dfrac{b}{2}$ [비교 → $(a+b) \div 2 = \dfrac{a+b}{2}$]

③ $m \div 5 \times n = \dfrac{mn}{5}$ [비교 → $m \div (5 \times n) = \dfrac{m}{5n}$]

④ $p \times (-1) \times p + 5 \times p = -p^2 + 5p$ [$p \times p$는 p^2, $-1p^2$의 1은 생략]

03
분배법칙

여기서 배우는 다항식의 계산(전개와 인수분해)은 분배법칙이라는 다음의 법칙을 기본으로 한다.

분배법칙

$$(m + n)x = mx + nx$$

구체적인 숫자를 사용해 계산해보자.

$$(2+3) \times 4 = 2 \times 4 + 3 \times 4 = 8 + 12 = 20$$

또한 A×B와 B×A는 같으므로 다음과 같이 할 수도 있다.

$$4 \times (2+3) = 4 \times 2 + 4 \times 3 = 8 + 12 = 20$$

분배법칙이 정확한지는 다음 그림을 이용해 이해할 수 있다.

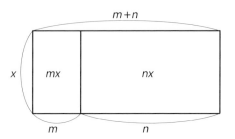

큰 직사각형 전체의 면적은 $(m + n)x$다. 이는 나누어진 2개의 작은 직사각형 면적의 합 $mx + nx$와 당연히 같을 것이므로

$$(m + n)x = mx + nx$$

가 성립하는 것은 명백하다.

예제 2-3 분배법칙을 이용하여 다음 계산을 해보라.

(1) $\left(\dfrac{3}{2} + \dfrac{2}{7}\right) \times 14$　　　　(2) $45 \times \left(\dfrac{3}{5} - \dfrac{1}{3}\right)$

(3) $\dfrac{3}{5} \times 33 + \dfrac{3}{5} \times 17$

해답

(1) $\left(\dfrac{3}{2} + \dfrac{2}{7}\right) \times 14 = \dfrac{3}{2} \times 14 + \dfrac{2}{7} \times 14 = 3 \times 7 + 2 \times 2 = 21 + 4 = \mathbf{25}$

(2) $45 \times \left(\dfrac{3}{5} - \dfrac{1}{3}\right) = 45 \times \dfrac{3}{5} - 45 \times \dfrac{1}{3} = 9 \times 3 - 15 \times 1 = 27 - 15 = \mathbf{12}$

(3) $\dfrac{3}{5} \times 33 + \dfrac{3}{5} \times 17 = \dfrac{3}{5} \times (33 + 17) = \dfrac{3}{5} \times 50 = 3 \times 10 = 30$

모두 분배법칙을 사용하면 계산이 훨씬 쉬워진다.

분배법칙을 암산에 응용

참고로 분배법칙을 사용하면 **2자릿수×1자릿수 계산은 거의 암산**으로 할 수 있게 된다. 예를 들면 '56×7은?'이라는 말을 들으면 대다수 사람은 종이와 연필, 또는 전자계산기를 꺼내고 싶어질 것이다. 하지만 분배법칙으로 다음과 같이 생각하면 암산이 가능하다. 처음에는 약간의 훈련이 필요하지만 익숙해지면 아주 간단하다.

$$56 \times 7 = (50 + 6) \times 7 = 50 \times 7 + 6 \times 7 = 350 + 42 = 392$$

'68×4'라면 이렇게 된다.

$$68 \times 4 = (60 + 8) \times 4 = 60 \times 4 + 8 \times 4 = 240 + 32 = 272$$

'79×4'는 뺄셈 버전의 분배법칙을 다음과 같이 응용할 수 있다.

$$79 \times 4 = (80 - 1) \times 4 = 80 \times 4 - 1 \times 4 = 320 - 4 = 316$$

04
다항식의 전개

$(m+n)(x+y)$의 계산도 '분배법칙'부터 생각한다.

$$(m+n)(x+y)$$

$$= m(x+y) + n(x+y)$$

$$= mx + my + nx + ny$$

$(x+y)$를 하나의 덩어리로 해서 분배법칙 이용

$$(m+n)(x+y) = mx + my + nx + ny$$

주〉 x나 $2x$, ny, nx^2같이 '+'나 '−' 기호를 포함하지 않고 숫자와 문자만으로 나타낸 식을 **단항식**이라고 한다.
다항식이란 '$nx^2 + x − ny$'와 같이 단항식을 '+'나 '−'로 이은 식을 말한다.

이 '$(m+n)(x+y)$'의 계산이 옳다는 것은 다음 그림으로 확인할 수 있다.

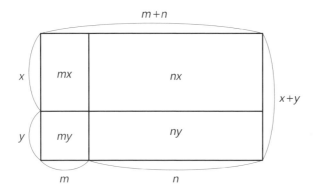

$$커다란\ 직사각형의\ 면적 = (m+n)(x+y)$$

$$4개의\ 작은\ 직사각형\ 면적의\ 합 = mx + my + nx + ny$$

큰 직사각형의 면적과 4개의 작은 직사각형 면적의 합은 같으니

$$(m+n)(x+y) = mx + my + nx + ny$$

는 옳은 계산이다.

이 계산은 앞으로 빈번히 사용하게 되므로 다음과 같이 기계적으로 할 수 있도록 연습해두자.

$$(m+n)(x+y) = mx + my + nx + ny$$

곱셈 공식

다항식×다항식의 계산에서 많이 사용되는 것은 공식이 있다.

> **다항식의 곱셈 공식**
>
> (1) $(x+a)(x+b) = x^2 + (a+b)x + ab$
>
> (2) $(x+a)^2 = x^2 + 2ax + a^2$
>
> (3) $(x-a)^2 = x^2 - 2ax + a^2$
>
> (4) $(x+a)(x-a) = x^2 - a^2$

증명

(1) $(x+a)(x+b) = x^2 + bx + ax + ab = x^2 + (a+b)x + ab$

(2) $(x+a)^2 = (x+a)(x+a) = x^2 + ax + ax + a^2$
$$= x^2 + 2ax + a^2$$

(3) $(x-a)^2 = (x-a)(x-a) = x^2 - ax - ax + a^2$
$$= x^2 - 2ax + a^2$$

(4) $(x+a)(x-a) = x^2 - ax + ax - a^2 = x^2 - a^2$

다항식 전개 연습

여러 다항식을 계산하는 것을 '다항식의 전개'라고 한다. 앞의 공식을 사용하여 다항식을 전개하는 연습을 해보자.

예제 2-4 다음 다항식을 전개해보라.

(1) $(x+2)(x+3)$ (2) $(x+7)^2$

(3) $(x-1)^2$ (4) $(x+9)(x-9)$

(5) $(a-5)(a+3)$ (6) $(-y-1)(y-1)$

---

(1) $(x+2)(x+3) = x^2 + (2+3)x + 2 \cdot 3 = \boldsymbol{x^2 + 5x + 6}$

(2) $(x+7)^2 = x^2 + 2 \cdot 7 \cdot x + 7^2 = \boldsymbol{x^2 + 14x + 49}$

(3) $(x-1)^2 = x^2 - 2 \cdot 1 \cdot x + 1^2 = \boldsymbol{x^2 - 2x + 1}$

(4) $(x+9)(x-9) = x^2 - 9^2 = \boldsymbol{x^2 - 81}$

(5) $(a-5)(a+3) = \{a + (-5)\}(a+3) = a^2 + \{(-5) + 3\}a + (-5) \cdot 3$

$\qquad = \boldsymbol{a^2 - 2a - 15}$

(6) $(-y-1)(y-1) = \{-(y+1)\}(y-1) = -(y+1)(y-1)$

$\qquad = -(y^2 - 1^2) = \boldsymbol{-y^2 + 1}$

(5)와 (6)은 약간 응용한 것이다.

이제 조금 더 복잡한 문제에 도전해보자.

예제 2-5 다음 다항식을 전개하여 x에 대해 정리하라.

(1) $(x-a)^2 + (x-b)^2 + (x-c)^2$

(2) $(x^2 - x + 3y)(x^2 - x - 3y) + 4(2x + y)^2$

해답

'x에 대해 정리한다'는 것은

$$\bigcirc x^2 + \triangle x + \square$$

과 같이 x 이외의 문자를 계수처럼 취급하고 각 항을 x의 차수가 높은 순서(내림차순이라고 한다)로 배열하는 것이다.

(1) 먼저 공식을 사용해 각각을 전개하고 그다음 x에 대해 정리한다.

$$(x-a)^2 + (x-b)^2 + (x-c)^2$$
$$= x^2 - 2ax + a^2 + x^2 - 2bx + b^2 + x^2 - 2cx + c^2$$

$(x-a)^2$
$= x^2 - 2ax + a^2$

$$= x^2 + x^2 + x^2 - 2ax - 2bx - 2cx + a^2 + b^2 + c^2$$
$$= 3x^2 + (-2a - 2b - 2c)x + a^2 + b^2 + c^2$$

분배법칙

$$= 3x^2 - 2(a+b+c)x + a^2 + b^2 + c^2$$

(2) '$x^2 - x$'를 하나의 덩어리로 취급하는 것이 포인트다.

$$(x^2 - x + 3y)(x^2 - x - 3y) + 4(2x+y)^2$$
$$= (x^2 - x)^2 - (3y)^2 + 4\{(2x)^2 + 2 \cdot 2x \cdot y + y^2\}$$
$$= (x^2)^2 - 2 \cdot x^2 \cdot x + x^2 - 9y^2 + 4(4x^2 + 4xy + y^2)$$
$$= x^4 - 2x^3 + x^2 - 9y^2 + 16x^2 + 16xy + 4y^2$$
$$= x^4 - 2x^3 + (1+16)x^2 + 16xy + (-9+4)y^2$$
$$= x^4 - 2x^3 + 17x^2 + 16xy - 5y^2$$

나가노

약간 번거롭지만 특히 (1)과 비슷한 계산은 나중에 분산의 간 단한 계산공식을 이끌어낼 때 필요하므로 여기서 잘 익혀두자.

연습문제 (정답은 398쪽 참고)

■**연습 2–1** 다음 수를 $\sqrt{}$ 를 사용하지 말고 나타내라.

(1) $\sqrt{10000}$

(2) $\sqrt{441}$

(3) $\sqrt{\dfrac{81}{196}}$

(4) $\sqrt{4.84}$

해답

(1) $\sqrt{10000} = \sqrt{\boxed{}^2} = \boxed{}$

(2) $\sqrt{441} = \sqrt{9 \times 49} = \sqrt{\boxed{}^2 \times \boxed{}^2} = \boxed{}$ ← 각 자릿수의 합이 9의 배수가 되는 수는 9의 배수

(3) $\sqrt{\dfrac{81}{196}} = \sqrt{\dfrac{\boxed{}^2}{\boxed{}^2}} = \boxed{}$

(4) $\sqrt{4.84} = \sqrt{\dfrac{484}{100}} = \sqrt{\dfrac{4 \times \boxed{}}{\boxed{}^2}} = \sqrt{\dfrac{\boxed{}^2 \times \boxed{}^2}{\boxed{}^2}} = \boxed{} = \boxed{}$

아래 두 자릿수가 4의 배수인 수는 4의 배수

여기서 2~11의 배수를 찾아내는 방법을 정리해두자. 단 7과 11의 배수를 찾는 방법은 번거로우므로 실제 나눗셈을 하는 것이 빠를 수도 있다.

배수를 찾아내는 방법

2의 배수: 맨 끝의 숫자가 짝수

3의 배수: 각 자릿수의 합이 3의 배수

4의 배수: 아래 두 자릿수가 4의 배수이거나 00

5의 배수: 맨 끝의 숫자가 0이거나 5

6의 배수: 맨 끝의 숫자가 짝수이고 또 각 자릿수의 합이 3의 배수

7의 배수: '1의 자릿수를 없앤 수'−'1의 자릿수를 2배 한 수'가 7의

　　　　배수

　　　예) 581이라면 58−1×2=56

　　　　　56은 7의 배수이므로 581은 7의 배수

8의 배수: 아래 세 자릿수가 8의 배수이거나 000

9의 배수: 각 자릿수의 합이 9의 배수

10의 배수: 맨 끝이 0

11의 배수: '홀수 자릿수의 숫자의 합'−'짝수 자릿수의 숫자의 합'

　　　　이 11의 배수인 경우

　　　예) 2816이라면 (8+6)−(2+1)=11

　　　　　11은 11의 배수이므로 2816은 11의 배수

■연습 2-2| 아래 수직선상의 점 A, B, C, D는 각각

$$\sqrt{5},\ \sqrt{6},\ \frac{\sqrt{10}}{2},\ \frac{\sqrt{20}}{4}$$

중 하나에 대응한다. A, B, C, D에 대응하는 수를 구하라.

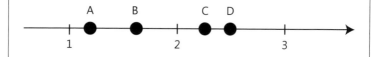

[해답]

$\sqrt{}$ 안 숫자 앞뒤의 제곱수를 찾아내는 것이 요령이다.

$$\sqrt{\square} < \sqrt{5} < \sqrt{\square} \Rightarrow \square < \sqrt{5} < \square$$
$$\sqrt{\square} < \sqrt{6} < \sqrt{\square} \Rightarrow \square < \sqrt{6} < \square$$

또한 $\sqrt{5} < \sqrt{6}$ 은 명백하므로

$$\square \cdots \sqrt{5}$$
$$\square \cdots \sqrt{6}$$

임을 알 수 있다. 다음으로

$$\boxed{\div 2}$$

$$\sqrt{\square} < \sqrt{10} < \sqrt{\square} \Rightarrow \square < \sqrt{10} < \square \Rightarrow \square < \frac{\sqrt{10}}{2} < \square$$
$$\Rightarrow \square < \frac{\sqrt{10}}{2} < \square$$

이므로

$$\square \cdots \frac{\sqrt{10}}{2}$$

임을 알 수 있다. 또한

$$\frac{\sqrt{20}}{4} = \frac{\sqrt{4 \times \square}}{4} = \frac{\sqrt{\square^2 \times \square}}{4} = \frac{\sqrt{5}}{2}$$

라고 변형할 수 있다. 이것에 의해

$$\square < \sqrt{5} < \square \Rightarrow \square < \frac{\sqrt{5}}{2} < \square \Rightarrow \square < \frac{\sqrt{5}}{2} < \square$$
$$\Rightarrow \square < \frac{\sqrt{20}}{4} < \square$$

따라서 확실하게 다음과 같이 된다.

$$\boxed{} \cdots \frac{\sqrt{20}}{4}$$

■**연습 2-3** 288m^{2}의 정사각형 토지가 있다. 이 토지의 한 변의 길이를 소수 첫 번째 자리까지 구하라. 참고로 $\sqrt{2} = 1.41$로 한다.

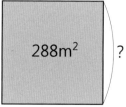

해답

정사각형 토지의 한 변의 길이를 x로 하면

$$x^2 = \boxed{}$$

$x > 0$이므로

문제 문장에 의해 $\sqrt{2} = 1.41$

$$x = \sqrt{288} = \sqrt{\boxed{} \times 2} = \sqrt{\boxed{}^2 \times 2} = \boxed{}\sqrt{2} = \boxed{} \times 1.41$$
$$= 16.92$$

따라서

$$x = \boxed{}\,[\mathrm{m}]$$

■연습 2-4 다음을 계산하라.

(1) $\dfrac{1}{5} \times \left(\dfrac{3}{7} - 3\right) + \dfrac{3}{5}$

(2) $(-4) \times 73 + (-4) \times 27$

(3) $555 \times (-33) - 41 \times (-33) - 14 \times (-33)$

(4) $(-36) \times \left(\dfrac{7}{12} - \dfrac{5}{18}\right)$

해답

무턱대고(?) 계산하기보다 분배법칙을 사용하면 훨씬 쉬워진다!

(1) $\dfrac{1}{5} \times \left(\dfrac{3}{7} - 3\right) + \dfrac{3}{5} = \dfrac{1}{5} \times \boxed{} - \dfrac{1}{5} \times \boxed{} + \dfrac{3}{5} = \dfrac{3}{35} - \dfrac{3}{5} + \dfrac{3}{5} = \boxed{}$

(2) $(-4) \times 73 + (-4) \times 27 = (-4) \times (\boxed{} + \boxed{})$

$= (-4) \times \boxed{} = \boxed{}$

(3) $555 \times (-33) - 41 \times (-33) - 14 \times (-33)$

$= (\boxed{} - \boxed{} - \boxed{}) \times (-33)$

$= \boxed{} \times (-33) = \boxed{}$

(4) $(-36) \times \left(\dfrac{7}{12} - \dfrac{5}{18}\right) = \boxed{} \times \dfrac{7}{12} - \boxed{} \times \dfrac{5}{18}$

$= \boxed{} - \boxed{} = \boxed{}$

어떤가? 이런 식으로 생각하면 거의 암산이 가능할 정도로 간단해진다!

■ **연습 2-5** 아래 그림에서 회색 부분의 면적을 구하라. 단 원주율은 3.14로 한다.

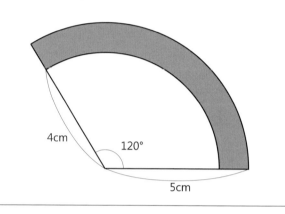

해답

이것도 분배법칙을 사용하여 쉽게 계산하는 연습이다. 구하는 면적은 '큰 부채꼴−작은 부채꼴'로 계산한다. 구하는 면적을 S라고 하면

$$S = 5 \times 5 \times 3.14 \times \frac{120}{360} - 4 \times 4 \times 3.14 \times \frac{120}{360}$$

$$= 5^2 \times 3.14 \times \frac{1}{3} - 4^2 \times 3.14 \times \frac{1}{3}$$

$$= (\boxed{} - \boxed{}) \times 3.14 \times \frac{1}{3}$$

$$= \boxed{} \times 3.14 \times \frac{1}{3}$$

$$= \boxed{} \times 3.14$$

$$= \boxed{} [cm^2]$$

▪**연습 2-6** 다음 식을 전개하고 x의 내림차순으로 정리하라.

(1) $2x(3a^2 - 2ax + x^2)$

(2) $(x+1)^2(x-2a)$

(3) $(x-a-1)(x+a+1)$

(4) $(x-1)(x-3)(x+1)(x+3)$

해답

(1) 분배법칙을 사용하여 전개한 다음 정리한다.

$$2x(3a^2 - 2ax + x^2) = 2x \cdot \boxed{} - 2x \cdot \boxed{} + 2x \cdot \boxed{}$$
$$= \boxed{}x^3 - \boxed{}x^2 + \boxed{}x$$

(2) '$(x+1)^2$'에 대해 곱셈 공식을 사용한 다음 '$(x-2a)$'를 하나의 덩어리로 취급하여 분배법칙을 이용한다.

$(x+1)^2(x-2a)$

$= (\boxed{})(x-2a)$ ⋯⋯ $(x+a)^2 = x^2 + 2ax + a^2$

$= \boxed{} \cdot (x-2a) + \boxed{} \cdot (x-2a) + \boxed{} \cdot (x-2a)$

$= \boxed{} \cdot x - \boxed{} \cdot 2a + \boxed{} \cdot x - \boxed{} \cdot 2a + \boxed{} \cdot x - \boxed{} \cdot 2a$

$= x^3 - 2\boxed{}x^2 - \boxed{}x - \boxed{}$

(3) 치환을 사용하여 '$(x-A)(x+A) = x^2 - A^2$'을 생각한다.

$$(x-a-1)(x+a+1) = \{x - \boxed{}\}\{x + \boxed{}\}$$

여기서 $(a+1) = A$라고 하면

$$= (x-A)(x+A)$$
$$= x^2 - A^2$$
$$= x^2 - \boxed{}^2$$
$$= x^2 - (\boxed{})$$
$$= \boxed{}$$

(4) 계산 순서를 생각해 역시 '$(x-A)(x+A)=x^2-A^2$'을 이용한다.

$$(x-1)(x-3)(x+1)(x+3) = (x-1)(\boxed{})(x-3)(\boxed{})$$
$$= (x^2 - \boxed{}^2)(x^2 - \boxed{}^2)$$
$$= (x^2 - \boxed{})(x^2 - \boxed{})$$

여기서 $x^2 = X$라고 하면

$$
\boxed{\begin{array}{l}(x+a)(x+b)\\ = x^2 + (a+b)x + ab\end{array}}
$$

$$= (X - \boxed{})(X - \boxed{})$$
$$= X^2 + \{\boxed{}\}X + \boxed{}$$
$$= X^2 - \boxed{}X + \boxed{}$$
$$= \boxed{}$$

고생 많았다.

그럼 지금까지 배운 분배법칙, 제곱근, 다항식의 전개가 통계에 어떻게 응용되는지 알아보자.

오카다 교수

제곱근, 분배법칙, 곱셈공식 같은 꽤 기초적인 것까지 자세하게 설명했군요.

나가노

이런 것들을 확실히 알고 있는 사람이 보면 "당연한 소리를 하네"라고 할지도 모르지만 우리 학원에 오는 '직장인' 학생들은 기초에 불안감을 갖고 있는 사람이 적지 않더라구요.

오카다 교수

그렇군요. 확실히 뒤에 나오는 분산(V_x)을 구하는 공식

$$V_x = \overline{x^2} - \bar{x}^2$$

을 끌어내려면 곱셈 공식이 필요하고, 분산에서 표준편차를 구할 때도 $\sqrt{}$ 계산이 중요하지요.

나가노

값만 구한다면 공식을 암기하거나 전자계산기를 두드리면 되지만 그러면 수학을 점점 못하게 되고 말죠.

오카다 교수

맞습니다.

나가노

감사합니다. 이번 장의 수학과 통계의 흐름도입니다.

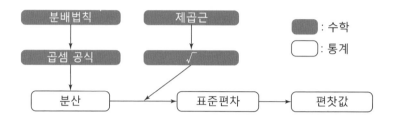

오카다 교수

평균, 중앙값, 최빈값 등의 '대푯값'은 수치 하나로 전체의 특징을 (어느 정도) 파악하는 데에는 편리하지만, 이들의 값에서 데이터가 얼마나 흩어져 있는지를 유추하는 건 간단하지 않습니다. 그래서 우리는 사분위수나 이를 그래프화한 상자그림을 사용해 **중앙값을 기준으로 하여** 데이터의 흩어짐 정도를 파악하는 것을 앞장에서 배웠지요.

이제부터 배울 **분산**과 **표준편차**는 평균을 **기준**으로 하여 흩어진 정도를 나타냅니다. 각 의미를 혼동하지 않도록 주의합시다.

사분위수 & 상자그림

→ 중앙값을 기준으로 하여 **흩어진 정도**를 나타낸다

분산 & 표준편차

→ 평균을 기준으로 하여 **흩어진 정도**를 나타낸다

05
분산

여기서의 목표는 평균을 기준으로 하여 흩어진 정도를 조사하는 것이다. 앞장 [예제 1-5]의 A반과 B반의 데이터를 사용하여 그 방법을 찾아보자.

A반: 50 60 40 30 70 50

B반: 40 30 40 40 100

먼저 각 반의 평균(두 반 모두 50점이었다)과의 차를 정리해본다.

A반(평균: 50점)

점수	50	60	40	30	70	50
점수−평균	0	10	−10	−20	20	0

B반(평균: 50점)

점수	40	30	40	40	100
점수−평균	−10	−20	−10	−10	50

다음으로 각 반의 '점수-평균'의 평균을 구해본다.

A반: $\dfrac{0+10+(-10)+(-20)+20+0}{6}=\dfrac{0}{6}=0$ [점]

B반: $\dfrac{(-10)+(-20)+(-10)+(-10)+50}{5}=\dfrac{0}{5}=0$ [점]

엇? 둘 다 0점이 되었다. 이것은 우연이 아니다. 앞장의 [연습 1-1]의 별해에도 썼지만 평균은

평균=기준값+기준값의 차의 평균

으로 구할 수 있으므로 기준값에 평균을 사용하면 '기준값으로부터의 차의 평균'이 0이 되는 것은 당연하다.

즉 '점수-평균'의 평균으로는 평균 주위의 흩어진 정도를 조사할 수 없다. 그 값이 음수나 양수가 돼 각각 제거되어 평균으로부터 떨어져 있는 것이 보이지 않게 되기 때문이다. 그래서 '점수-평균'이 음수 값이 되어도 차가 보이도록 **'점수 - 평균'을 제곱한 다음 그 평균을 구해**보자.

A반

점수	50	60	40	30	70	50
점수-평균	0	10	-10	-20	20	0
(점수-평균)^2	0	100	100	400	400	0

B반

점수	40	30	40	40	100
점수-평균	−10	−20	−10	−10	50
(점수-평균)²	100	400	100	100	2500

(점수 − 평균)²의 평균

A반: $\dfrac{0 + 100 + 100 + 400 + 400 + 0}{6} = \dfrac{1000}{6} = 166.66\cdots [점^2]$

B반: $\dfrac{100 + 400 + 100 + 100 + 2500}{5} = \dfrac{3200}{5} = 640 [점^2]$

음수 값도 제곱하면 양수가 되므로 이렇게 하면 A반과 B반의 차이가 확실하게 보인다. 이처럼 음수든 양수든 평균으로부터 떨어진 정도가 잘 보일 수 있도록 고안된 '(평균으로부터의 차)²의 평균'을 '**분산**(Variance)'이라고 한다. 분산을 구하는 순서는 다음과 같다.

분산을 구하는 방법

(i) 데이터의 평균을 구한다

(ii) 각 데이터에 대해서 '값−평균'을 구한다

(iii) 각 데이터의 '(값−평균)²'을 구한다

(iv) (값−평균)²의 평균을 구한다

일반적으로

$$x_1, \, x_2, \, x_3, \, ..., \, x_n$$

으로 전부 n 개의 데이터가 있을 때 **분산을 V_x 라고 하면** 다음과
같이 나타낼 수 있다.

분산의 정의

$$V_x = \frac{(x_1 - \overline{x})^2 + (x_2 - \overline{x})^2 + (x_3 - \overline{x})^2 + \cdots + (x_n - \overline{x})^2}{n}$$

주) '$\overline{x}$'는 평균이다.
뒤에서 배울 $\sum$ (시그마)를 사용하면 다음과 같이 확실하게 나타낼 수 있다.

$$V_x = \frac{1}{n} \sum_{k=1}^{n} (x_k - \overline{x})^2$$

06
표준편차

분산은 평균으로부터의 차가 확실하게 보이므로 평균 주위에 흩어진 정도를 나타내기에는 아주 적합하지만 2가지 문제가 있다.

(1) 값이 너무 커진다
(2) 단위가 [본래 단위^2]이 된다

앞의 A반과 B반 데이터의 경우

$$A반의 \ 분산=166.66\cdots[점^2]$$
$$B반의 \ 분산=640[점^2]$$

이었는데 이 값만 보면 '도대체 몇 점 만점인 시험이야?' '점^{2}은 뭐지?'라는 생각이 드는 사람도 적지 않을 것이다.

심지어 이렇게 A반과 B반의 분산을 나란히 쓰면 A반이 평균 주변의 흩어진 정도가 적다는 것은 알 수 있지만, B반이라는 비교 대상이 없다면 A반의 평균에서 떨어진 정도도 (실제보다) 상당히 크다는 인상을 주게 된다.

그러나 위의 2가지 결점은 간단히 해결할 수 있다. 이미 알아차렸는가? 바로 2가지 모두 데이터의 평균으로부터 떨어진 정도를 '제곱해서' 계산함으로써 일어난 현상이므로 분산의 $\sqrt{}$ 를 벗기면 된다. 이 $\sqrt{분산}$ 을 '**표준편차**(Standard Deviation)'라고 한다. A반과 B반의 데이터에 대해 표준편차를 구해보자.

$$A반의\ 표준편차 = \sqrt{166.666\cdots[점^2]} = 12.9099\cdots[점]$$
$$B반의\ 표준편차 = \sqrt{640[점^2]} = 25.298\cdots[점]$$

A반이 약 13점이고 B반이 약 25점이므로 표준편차가 각 반의 흩어진 정도를 잘 표현한다고 할 수 있다.

표준편차도 일반화해두자.

$$x_1,\ x_2,\ x_3,\ ...,\ x_n$$

의 n개의 데이터에 대해서 **표준편차를 s_x 라고 하면** 다음과 같다.

> **표준편차의 정의**
>
> $$s_x = \sqrt{V_x} = \sqrt{\frac{(x_1-\bar{x})^2 + (x_2-\bar{x})^2 + (x_3-\bar{x})^2 + \cdots + (x_n-\bar{x})^2}{n}}$$

식으로 나타내니 뭔가 대단해 보이지만 분산의 $\sqrt{}$ 를 벗겼을 뿐이다. 분산(과 그것의 $\sqrt{}$ 를 벗긴 표준편차)은 평균 주위의 흩어진 정도를 아는 데에는 탁월한 지표지만 계산이 귀찮은 것이 옥에 티다. 그래서 분산 계산을 좀 더 쉽게 할 공식을 알아보자. 앞의 곱셈 공식 중에서

(3) $(x - a)^2 = x^2 - 2ax + a^2$

을 활용한다.

$$V_x = \frac{(x_1 - \bar{x})^2 + (x_2 - \bar{x})^2 + (x_3 - \bar{x})^2 + \cdots + (x_n - \bar{x})^2}{n}$$

$$= \frac{x_1^2 - 2x_1\bar{x} + \bar{x}^2 + x_2^2 - 2x_2\bar{x} + \bar{x}^2 + x_3^2 - 2x_3\bar{x} + \bar{x}^2 + \cdots + x_n^2 - 2x_n\bar{x} + \bar{x}^2}{n}$$

$\bar{x}^2$은 n개 있다

$$= \frac{(x_1^2 + x_2^2 + x_3^2 + \cdots + x_n^2) - 2(x_1 + x_2 + x_3 + \cdots + x_n)\bar{x} + n\bar{x}^2}{n}$$

$\dfrac{a+b+c}{n} = \dfrac{a}{n} + \dfrac{b}{n} + \dfrac{c}{n}$

$$= \frac{x_1^2 + x_2^2 + x_3^2 + \cdots + x_n^2}{n} - 2\frac{x_1 + x_2 + x_3 + \cdots + x_n}{n}\bar{x} + \frac{n}{n}\bar{x}^2$$

$$= \overline{x^2} - 2\bar{x} \cdot \bar{x} + \bar{x}^2$$

$$= \overline{x^2} - 2\bar{x}^2 + \bar{x}^2$$

$$= \overline{x^2} - \bar{x}^2$$

$\bar{x}$(평균)$= \dfrac{x_1 + x_2 + x_3 + \cdots + x_n}{n}$

$\overline{x^2}$(제곱의 평균)$= \dfrac{x_1^2 + x_2^2 + x_3^2 + \cdots + x_n^2}{n}$

$\bar{x}^2$(평균의 제곱)$= \bar{x} \cdot \bar{x}$

파이팅!

상당히 간단한 식이 되었다!

간단한 분산의 계산공식

$$V_x = \overline{x^2} - \bar{x}^2$$

[분산 = 제곱의 평균 − 평균의 제곱]

이 공식을 사용하면 표준편차 s_x도 간단히 나타낼 수 있다.

$$s_x = \sqrt{V_x} = \sqrt{\overline{x^2} - \bar{x}^2}$$

앞의 A반 데이터로 이 공식을 사용해보자.

A반

점수	50	60	40	30	70	50
점수^2	2500	3600	1600	900	4900	2500

$$\overline{x}\,(\text{평균}) = \frac{50 + 60 + 40 + 30 + 70 + 50}{6} = \frac{300}{6} = 50$$

$$\overline{x}^{\,2}\,(\text{평균의 제곱}) = 50^2 = 2500$$

$$\overline{x^2}\,(\text{제곱의 평균}) = \frac{2500 + 3600 + 1600 + 900 + 4900 + 2500}{6}$$

$$= \frac{16000}{6} = \frac{8000}{3}$$

$$V_x\,(\text{분산}) = \overline{x^2} - \overline{x}^{\,2}$$

$$= \frac{8000}{3} - 2500 = \frac{8000 - 7500}{3} = \frac{500}{3} = 166.66\cdots[\text{점}^2]$$

$$s_x\,(\text{표준편차}) = \sqrt{V_x} = \sqrt{166.666\cdots} = 12.9099\cdots[\text{점}]$$

앞의 결과와 동일하다.

참고로 다봉성분포('피크'가 여러 개 있는 분포)에서는 분산이나 표준편차 값을 해석하기 힘들다. 그런 경우 평균과 최빈값이 크게 차이 나서 평균으로 데이터를 대표하는 것이 반드시 적절하지 않은 경우가 많기 때문이다.

07
편찻값

'편찻값'이라는 말은 다 들어보았을 것이다. 학생 때 모의시험 결과에는 반드시 이 말이 쓰여 있었다(별로 기분 좋은 단어는 아니다). 하지만 '편찻값'의 계산 방법이나 의미를 정확히 알고 있는 사람은 많지 않다. 대다수는 '편찻값 50은 평균, 편찻값 60은 상당히 우수, 편찻값 70은 대단히 우수. 반대로 편찻값 40이면 좀 위험하다…' 정도의 이미지만 갖고 있을 뿐이다.

지금까지 배워온 표준편차(나 분산)는 데이터의 흩어진 정도를 나

오카다 교수

예를 들면 어려운 시험에서 70점을 얻은 A의 편찻값이 75이고 쉬운 시험에서 A와 같은 70점을 얻은 B의 편찻값이 50인 경우, A의 점수는 좀처럼 얻기 힘든 좋은 성적이지만 B는 지극히 평범한 성적임을 알 수 있다. 이처럼 편찻값은 다른 기준으로 측정된 데이터를 비교할 수 있게 해준다.

타냈다. 표준편차가 작다는 것은 데이터가 평균 주위에 집중되어 있음을 나타낸다. 한편 **편찻값은 데이터 전체 속에 있는 특정한 데이터가 얼마나 '특수'한지를 측정하는 지표다.**

편찻값은 평균을 50으로 하고, 거기서 표준편차의 값 1개 분만큼 벌어질 때마다 ±10을 한다. 편찻값의 계산식은 다음과 같다.

편찻값의 계산식

$$편찻값 = 50 + \frac{특정\ 데이터 - 평균}{표준편차} \times 10$$

그럼 B반의 데이터로 100점인 학생의 편찻값을 계산해보자. B반의 평균은 50점, 표준편차는 $\sqrt{640}$ 점이었다.

$$100점인\ 학생의\ 편찻값 = 50 + \frac{100 - 50}{\sqrt{640}} \times 10$$

$$\boxed{\sqrt{640} = \sqrt{8^2 \cdot 10} = 8\sqrt{10}}$$
$$\boxed{\frac{10}{\sqrt{10}} = \frac{\sqrt{10^2}}{\sqrt{10}} = \sqrt{10}}$$

$$= 50 + \frac{50}{8\sqrt{10}} \times 10$$

$$= 50 + \frac{25}{4}\sqrt{10}$$

$$= 69.764\cdots$$

역시 100점인 학생은 **'대단히 우수'**하다.

예를 들어 수능 시험처럼 많은 사람이 치르는 시험의 결과는 **'정규분포'**라고 불리는 분포가 된다. 정규분포에서는 모든 데이터의 약 7할(68.26%)은 표준편차 1개 분 안에 들어간다는 것을 알 수 있다(정규분포에 대해서는 뒤에서 자세히 이야기하자).

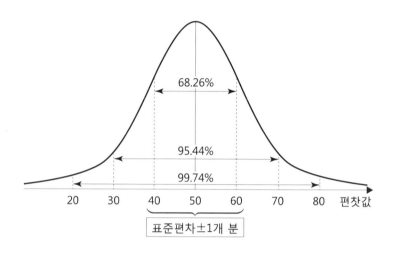

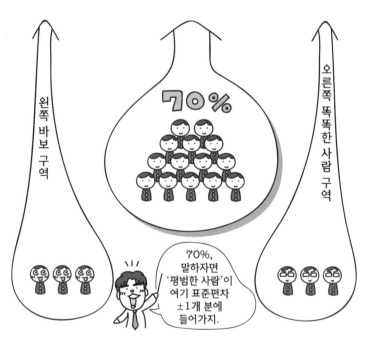

3장

상관관계를 알기
위한 수학

여러분 앞에 누가 나타나서 "이 단지를 사면 행복해집니다"라고 외친다면 당연히 그 사람을 수상하게 여길 것이다. '요즘 같은 세상에 누가 이런 사기에 걸려들겠어.' 이렇게도 생각할 것이다. 하지만 "이 교재를 사면 영어로 말할 수 있게 됩니다" "이 음료를 마시면 살이 빠집니다" "이 세미나에 참석하면 부자가 됩니다"라는 말은 어떤가? 수상하기는 하지만 '진짜일까?' 하고 가슴이 설레는 사람도 여전히 있지 않을까? 그래서인지 이런 식의 광고는 요즘도 온 거리에 넘쳐난다.

이런 문구가 믿을 만한지 아닌지, 또는 사기성 짙은 과대 광고인지를 제대로 판단하기 위해서는 '특정 교재의 구매 유무와 영어 실력' '특정 음료를 마신 양과 체중' '특정 세미나 참가 유무와 재산'이라는 두 변량 사이에 **상관관계**가 있다고 말할 수 있느냐 없느냐를 조사해볼 필요가 있다.

이번 장에서는 상관관계를 조사하기 위한 기본적인 통계 방법(**산포도와 상관계수**)을 위한 수학을 배워보자.

산포도를 이해하려면 **1차함수와 그 그래프**의 성질을 알아야 한다. 또한 상관계수의 원리는 결코 쉽지 않으며, 이것을 확실히 이해하려면 **2차함수의 최댓값·최솟값**이나 **2차방정식의 판별식**, 그리고 **2차부등식** 등의 수학도 꼭 필요하다. 이것들은 모두 고교 수학에서 가장 큰 비중을 차지하는 중요 단원이므로 이번 장은 상당히 배우는 보람이 있는 내용일 것이다.

　이번 장의 중심 주제는 한마디로 말하면 '**함수**'다. (자세한 것은 뒤에서 쓰겠지만) 함수의 이해는 **원인과 결과 관계**의 파악과 연관이 있다. 또한 통계적인 상관관계의 이해를 도울 뿐 아니라 사물을 **논리적으로 사고할 때의 기초**도 된다. 그만큼 중요하므로 중·고등학교 때 함수를 어려워했거나 그냥 통째로 외워서 점수를 땄던 사람이라도 반드시 다시 공부해보자. 나도 되도록이면 쉽고 친절하게 설명해보겠다.

01
함수

'함수(函數)'의 函은 '상자'라는 의미다. 그래서 함수는 '상자의 수'라는 뜻이 된다. 마치 상자에 어떤 값(예를 들면 x)을 입력하면 출력으로 어느 값(예를 들면 y)이 나오는 이미지에서 생긴 이름이 아닐까?

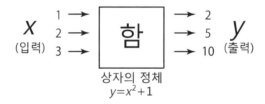

'y는 x의 함수다'는 영어로 "y is a function of x"라고 하는데 약간 길기 때문에 수학에서는 이를 줄여서 "$y = f(x)$"라고 쓴다. y가 x의 함수이기 위한 필요조건은 옆 페이지 위쪽 상자 속 내용과 같이 2가지다.

출근길에 있는 자동판매기를 떠올려보자. 그 자동판매기는 같은 단추를 눌러도 매일 나오는 상품이 다르다고 한다면 당신은 이것을 이용할 것인가? 도박을 즐기는 사람을 제외한 대다수는 그냥 다른 자동판매기에서 사야겠다고 생각할 것이다. 조건 (A)는 하나의 입력에 대해 엉터리로 출력을 하는 '함'은 함수로 적합하지 않으므로 인정하지 않는다는 뜻이다.

또한 자동판매기의 몇 개 단추 중에 가짜 단추나 누를 수 없는 단추가 있다면 어떨까? 무더운 날 겨우 발견한 자동판매기에서 스포츠 음료를 사려고 했는데 그 단추가 눌러지지 않는다면 당연히 화가 날 것이다. 조건 (B)는 입력으로 어떤 것은 사용할 수 있고 어떤 것은 사용할 수 없다는 것은 신뢰성이 부족하므로 역시 함수로서는 부적격이라는 뜻이다.

함수와 그래프의 관계

$y = f(x)$의 그래프란 그 식에 대입할 수 있는 점(그 식을 만족하는 점)을 모은 것(집합)이다. 즉 $y = f(x)$의 x에 a라는 값을 대입했을 때 얻어지는 $(a, f(a))$라는 점은 반드시 $y = f(x)$의 그래프 위에 있다. 당연한 말이지만 중요하므로 다시 한 번 강조한다.

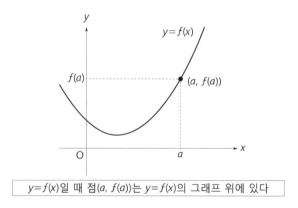

$y = f(x)$일 때 점 $(a, f(a))$는 $y = f(x)$의 그래프 위에 있다

함수와 인과관계

지금까지는 x를 입력값, y를 출력값이라고 생각해왔는데 의미를 약간 확장하여 x를 **원인**, y를 **결과**라고 여기면 함수를 **인과관계**와 연관시켜 이해할 수 있다. 이때 조건 (A), (B) 중에서 조건 (A)가 성립하고 있는지 확인하는 것은 특히 중요하다. 조건 (A)는 **좋은 인과관계가 성립하고 있음**을 보증하기 때문이다. 무슨 말인지 모르겠다면 좀 더 자세히 설명하겠다.

일반적으로 원인과 결과의 대응에는 다음의 4가지 유형이 있다.

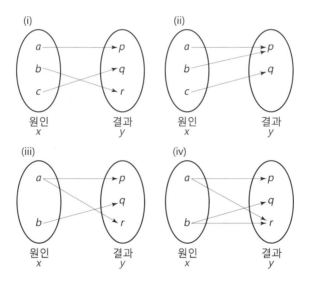

(i) 어떤 원인으로부터 일어나는 결과는 하나로 정해지고, 또한 어떤 결과의 원인도 하나로 특정할 수 있다.

(ii) 어떤 원인으로부터 일어나는 결과는 하나로 정해지지만, 어떤 결

과의 원인은 하나로 특정할 수 없다.

(iii) 어떤 원인으로부터 일어나는 결과는 하나로 정해지지 않지만, 어떤 결과의 원인은 하나로 특정할 수 있다.

(iv) 어떤 원인으로부터 일어나는 결과는 하나로 정해지지 않으며, 또한 어떤 결과의 원인도 하나로 특정할 수 없다.

이들 중에서 좋은 인과관계는 어떤 것일까?

(i)은 그야말로 고마운 관계다. 하나의 원인에 대한 결과가 완전히 예상 가능할 뿐만 아니라 이미 얻어진 '결과'에 대해서도 원인을 특정할 수 있기 때문이다.

(ii)는 어떨까? 이때도 하나의 원인에 대한 결과를 완전히 예상할 수 있으므로 우리는 당연히 올 미래를 확신하면서 안심하고 행동을 선택할 수 있다. 다만 결과의 원인을 특정할 수 없으므로 불합리한 경우도 있을 것이다.

(iii)은 약간 곤란하다. 이미 일어난 결과에 대해 원인을 특정할 수 있다는 것은 전혀 무익하지는 않겠지만 하나의 원인에 결과를 특정할 수 없다는 것은 불안하다.

(iv)는 더욱 불확실성이 높은 경우다. 원인과 결과 사이에 일정한 관계를 발견하는 것이 쉽지 않다.

이제 알았을 것이다. **우리에게 좋은 인과관계는 (i)과 (ii)다.** 그리고 함수이기 위한 **조건 (A)는** x (원인)**와** y (결과) **사이에 (i) 또는 (ii)의 관계가 성립하기 위한 조건이다.**

예제 3-1 다음의 x와 y 관계로 y가 x의 함수인지 아닌지 답하라.

(1) 면적이 16cm²인 직사각형의 세로 길이를 $x$cm, 가로 길이를 $y$cm로 한다.

(2) 어떤 사람의 나이를 x세, 키를 $y$cm로 한다.

(3) 어느 로또 판매점의 지난해 고액 당첨자 수를 x명, 올해의 고액 당첨자 수를 y명으로 한다.

(4) 전체 200쪽인 책의 읽은 쪽수를 x쪽, 남은 쪽수를 y쪽으로 한다.

해설

(1) 직사각형의 면적은 '세로 길이×가로 길이'이므로 이 경우는

$$xy = 16$$

이다. 이것에 의해

$$y = \frac{16}{x}$$

이다. 예를 들어 x값을 2cm라고 하면 y값은 8cm로 정해진다. 따라서 **y는 x의 함수**다.

(2) 명백히 **함수가 아니다.** 성장기에는 나이가 많으면 키도 큰 경향이 있지만 그렇다고 나이에 따라 키가 정해지지는 않는다.

(3) 역시 **함수가 아니다.** 때때로 '이 매장에서 일등이 나왔다'고 홍보하는 로또 판매점을 보게 되는데 예전에 그곳에서 일등이 나온 것과 앞으로 같은 곳에서 일등이 나오는 일은 아무 관계가 없다. 어느 가게의 지난해 고액 당첨자 수에 따라 올해 고액 당첨자 수가 정해지는 것은 아니므로 함수가 아닌 것이다. 물론 인과관계를 믿고 싶어 하는 마음은 이해한다.

(4) y를 x로 나타내면

$$y = 200 - x$$

가 된다. x값을 정하면 y가 결정되므로 명백하게 y는 x의 **함수**다.

예를 들어 '어느 해 수도권의 한여름 일수를 x일, 그해 수도권의 맥주 매출을 y엔'이라고 하면 엄밀히 말해 y는 x의 함수가 아니다. 그러나 아마도 한여름의 일수가 많으면 맥주의 매출도 는다고 생각할 수 있다. 이처럼 실제 데이터로는 엄밀한 함수관계가 있진 않지만 통계에서는

'y는 x의 함수+오차다'

라고 생각함으로써 x와 y 사이의 관계를 이해하거나, y(맥주 판매)를 예측할 수 있다. 이 책에서는 설명하지 않지만 이럴 때는 회귀분석이라는 방법을 사용한다.

함수에 대한 이미지가 생겼는가? 이번 장에서 필요한 것은 1차함수와 2차함수다. 각각의 성질과 그래프를 복습해두자.

02
1차함수

y가 x의 1차함수일 때 일반적으로 다음과 같이 나타낸다.

$$y = ax + b \quad [a,\ b는\ 정수]$$

> 주) x는 입력값으로 여러 가지 값을 갖고 y도 x 값에 의해 변화하는 출력값이므로 역시 여러 가지 값이 된다. 한편 a나 b는 '정수'다. 예를 들면 $a = 2$, $b = 3$이라고 한 경우의 1차함수는 다음과 같이 된다.
>
> $$y = 2x + 3$$

여기서 $b = 0$이라고 하면

$$y = ax$$

이다. 이때 그래프는 어떻게 될까? 중학교 시절 수학을 열심히 공부한 사람은 '앗, 이건 **y가 x에 비례**할 때의 관계식이다! 그래프는 분명 **원점을 통과하는 직선**이 될 거야!'라고 기억을 되살릴지도 모르겠다. 확실히 그렇다.

'그랬던가?' 하고 잊어버린 사람을 위해 간단한 예로 확인해보자.

$$y = 2x$$

라고 하자. 다음 표는 x에 구체적인 값을 몇 개 대입해보아 대응하는 y의 값을 정리한 것이다.

x	−2	−1	0	1	2	3	4
y	−4	−2	0	2	4	6	8

이 표에서 '$y = 2x$'의 그래프는 (적어도) 다음 7개의 점을 통과하는 것을 알 수 있다.

$(-2, \ -4), \ (-1, \ -2), \ (0, \ 0), \ (1, \ 2), \ (2, \ 4), \ (3, \ 6), \ (4, \ 8)$

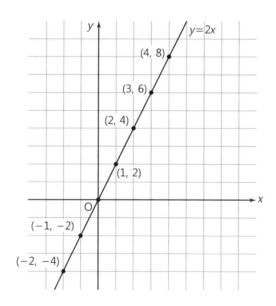

x를 가로축으로, y를 세로축으로 한 좌표축에 이들 7개의 점을 찍어서(그려서), 매끄럽게 이어보자.

확실하게 원점 $(0, 0)$을 통과하는 직선이 된다. 다만 이것은 '$y = 2x$'를 만족하는 7개의 점을 매끄럽게 이었을 뿐이므로 '$y = 2x$'의 그래프가 원점을 통과하는 직선이 되는 것을 증명하지는 않는다.

일반적으로 '$y = ax$'일 때 그래프가 원점을 통과하는 직선이 되는 것은 다음과 같이 나타낼 수 있다.

먼저 '$y = ax$'에서 $x = 0$일 때 $y = 0$이므로 그래프가 원점을 통과하는 것은 명백하다. 다음으로 $x \neq 0$일 때

$$y = ax$$

$$\Rightarrow \frac{y}{x} = a \qquad\qquad \cdots ①$$

으로 변형한다. a는 정수이므로 ①은 '$\frac{y}{x}$' 값이 일정하다는 것을 나타낸다. 이는 그래프상에서 무엇을 의미할까?

지금 좌표축 위의 원점과 점 (x, y)를 이어서 다음과 같은 직각 삼각형을 만든다.

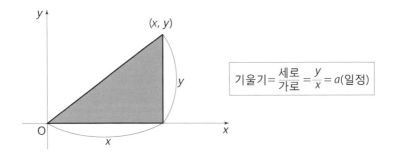

기울기 $= \dfrac{\text{세로}}{\text{가로}} = \dfrac{y}{x} = a(\text{일정})$

수학에서는 보통 '기울기'를

$$기울기 = \frac{세로}{가로}$$

로 나타내므로 '$\frac{y}{x}$'값이 일정하다는 것은 원점과 '$y = ax$' 위의 임의의 점 (x, y)를 연결한 직선의 기울기가 일정하다는 의미와 같다. 이것은 '$y = ax$' 위의 임의의 점 (x, y)는 원점을 통과하는 하나의 직선상에 있다는 것이다!

그럼 '$y = ax + b$'의 그래프는 어떻게 될까? '$y = ax + b$'는 '$y = ax$'에 b를 덧붙인 것이므로 그래프도 **'$y = ax$'의 그래프를 y 방향으로 $+b$만큼 이동(평행이동)한 것**이 된다.

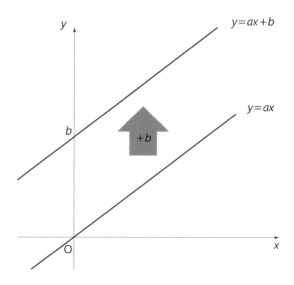

이상, 1차함수를 정리하자.

1차함수

y가 x의 1차함수일 때

일반식: $y = ax + b$ [a, b는 정수]

그래프: 직선 (a는 기울기, b는 y절편)

['y절편'이란 'y축과의 교점'이라는 의미다]

예제 3-2 다음 1차함수의 기울기와 y절편을 구하고 그래프를 그려라.

(1) $y = 3x - 1$

(2) $y = 2 - 2(x - 1)$

해설

(1) 일반식의 형태를 하고 있으므로 **기울기가 3이고 y절편이 −1이라는** 것은 금방 알 수 있다. 이 그래프는 직선이다. 직선은 두 점이 주어지면 한 줄이 되므로 **적당한 값**(계산하기 쉬운 값)**을 대입해서 통과하는 두 점을 구하고, 그 두 점을 잇는 직선을 긋는** 것이 간단하다.

$$x = 0 일 \ 때 \Rightarrow y = 3 \cdot 0 - 1 = -1$$
$$x = 1 일 \ 때 \Rightarrow y = 3 \cdot 1 - 1 = 2$$

따라서 그래프는 $(0, -1)$, $(1, 2)$**를 통과하는 직선**이 된다.

(2) 얼핏 보면 '$y = ax + b$'의 형태로 보이지 않는다. 그렇다면 분배법칙을 사용하여 전개해보자.

$$y = 2 - 2(x-1) = 2 - 2x + 2 = -2x + 4$$

일반식의 형태가 되었다. 기울기는 −2이고 y절편은 4다.

$$x = 0일 \; 때 \; y = -2 \cdot 0 + 4 = 4$$
$$x = 1일 \; 때 \; y = -2 \cdot 1 + 4 = 2$$

따라서 그래프는 (0, 4), (1, 2)를 **통과하는 직선**이 된다.
(1)과 (2)의 그래프를 그리면 다음과 같이 된다.

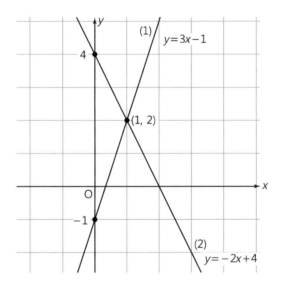

양의 기울기와 음의 기울기

여기서 기울기에 대해 주의할 점이 있다. 위 문제 (2)의 1차함수
는 기울기가 '−2'로 음의 값인데 이것은 가로(x 방향)로 +1, 세로
(y 방향)로 −2의 기울기를 갖고 있다고 생각할 수 있으므로 **그래프**

는 **우하향**이 된다.

$$기울기 = \frac{세로}{가로} = \frac{-2}{+1} = -2$$

일반적으로 1차함수의 양의 기울기와 음의 기울기, 그래프에 대해 다음과 같이 정리할 수 있다.

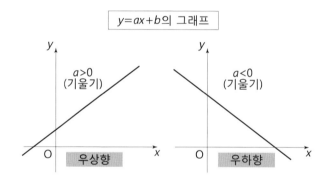

$y=ax+b$의 그래프

1차함수를 알면 '산포도'가 쉬워진다.

1차함수의 그래프 식 구하는 법

마지막으로 1차함수의 기울기와 통과하는 한 점을 알고 있는 경우의 그래프 식을 구하는 법을 예제를 통해 알아보자.

예제 3-3 기울기가 $\frac{2}{3}$ 이고 $(3, 4)$를 통과하는 1차함수 그래프의 식을 구하라.

해설

중학 수학으로도 답은 낼 수 있지만(주 참고), 여기서는 〈수학Ⅱ〉(고교 2학년)에서 배우는 방법을 소개한다.

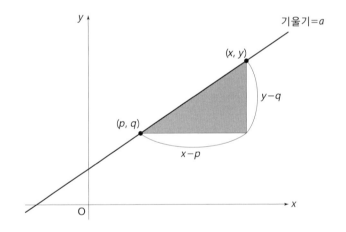

일반적으로 기울기가 a이고 점 (p, q)를 통과하는 직선 위에 임의의 점 (x, y)를 취해 앞 그림처럼 직각삼각형을 만들면

$$기울기 = \frac{세로}{가로} = \frac{y - q}{x - p} = a$$

임을 알 수 있다. 이것으로부터

$$\frac{y-q}{x-p} = a$$

$$\Rightarrow y - q = a(x-p)$$

$$\Rightarrow y = a(x-p) + q \qquad \cdots ②$$

그렇다, 이것이 **기울기가 a이고 점 (p, q)를 통과하는 직선의 식**이 된다.

이 문제의 경우 기울기는 $\frac{2}{3}$, 통과하는 점은 $(3, 4)$ 이므로

$$a = \frac{2}{3}, \ (p, q) = (3, 4)$$

이다. ②식에 이것들을 대입하면

$$y = \frac{2}{3}(x-3) + 4 = \frac{2}{3}x - 2 + 4 = \frac{2}{3}x + 2$$

이상에서 구하는 직선의 식은

$$y = \frac{2}{3}x + 2$$

주) 중학 수학의 해법

구하는 직선을

$$y = \frac{2}{3}x + b \qquad \cdots ③$$

라고 한다. 이것이 $(3, 4)$를 통과하므로

$$4 = \frac{2}{3} \times 3 + b = 2 + b$$

$$\Rightarrow b = 2$$

③에 대입하여

$$y = \frac{2}{3}x + 2$$

기울기가 a이고 점 (p, q)를 통과하는 직선의 식

$$y = a(x - p) + q$$

상관계수가 1이나 −1일 때 가장 강한 상관이 되는 것은 이 식을 사용하여 설명한다.

앞으로 몇 십 페이지의 내용은 모두 **'상관계수 r의 값은 반드시 −1~1이 된다'**는 것을 이해하는 데 필요한 수학이다. 분량이 상당하니 잘 따라올 수 있도록 먼저 흐름도를 소개한다.

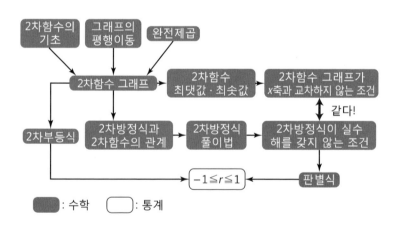

단 하나의 수식을 증명하기 위해 이만큼의 수학이 필요하다는

사실에 놀랄지도 모르겠다. 바로 이런 이유 때문에 상관계수의 이론적 배경이 어렵다고들 하는 것이다.

찬찬히 안내할 테니 잘 따라오기 바란다.

03
2차함수의 기초

다음은 2차함수다. **y가 x의 2차함수일 때** 일반적으로 다음과 같이 나타낸다.

$$y = ax^2 + bx + c \quad [a, b, c\text{는 정수}]$$

> 주〉 1차함수와 마찬가지로 x와 y에는 여러 가지 값이 들어가는데 a, b, c는 정수다. 예를 들면 a = 3, b = 2, c = 1인 경우의 2차함수는 다음과 같다.
>
> $$y = 3x^2 + 2x + 1$$

여기서 $b = 0$, $c = 0$이라고 하면

$$y = ax^2$$

이다. 이 그래프가 어떤 모양이 되는지 기억하고 있는가?

그렇다, 원점을 통과하는 포물선이다. 이것도 간단한 예로 확인할 수 있다. 지금

$$y = x^2$$

이라고 하자.

x	-3	-2	-1	0	1	2	3
y	9	4	1	0	1	4	9

이 표에서 '$y = x^2$'의 그래프는 (적어도) 다음 7개의 점을 통과하는 것을 알 수 있다.

$(-3,\ 9),\ (-2,\ 4),\ (-1,\ 1),\ (0,\ 0),\ (1,\ 1),\ (2,\ 4),\ (3,\ 9)$

이번에도 x를 가로축으로 y를 세로축으로 한 좌표축에 이들 7개의 점을 찍어서(그려서), 매끄럽게 연결해보자.

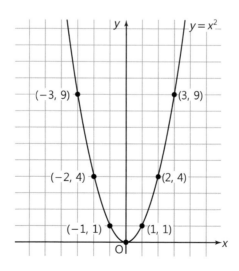

이 곡선을 **포물선**(물건을 던졌을 때 생기는 곡선)이라고 한다.

이것도 1차함수 때와 마찬가지로 '$y = x^2$'이 통과하는 7개의 점을 매끄럽게 연결한 것일 뿐 '$y = ax^2$'이 일반적으로 포물선이 되는 것을 증명한 것은 아니다. 그리고 '$y = ax^2$'의 그래프가 포물선이 되는 것을 엄밀히 나타내려면 미분이 필요하다. 하지만 거기까지 설명하면 너무 어려워지므로 '$y = ax^2$'의 그래프가 원점을 통과하는 포물선이 된다는 것은 '그렇게 될 것 같다'는 정도에서 이해만 하고 넘어가자.

일반적으로 '$y = ax^2$'의 그래프는 a가 양수일 때는 원점을 통과하는 아래로 볼록한 포물선이 되고 a가 음수일 때는 원점을 통과하는 위로 볼록한 포물선이 된다.

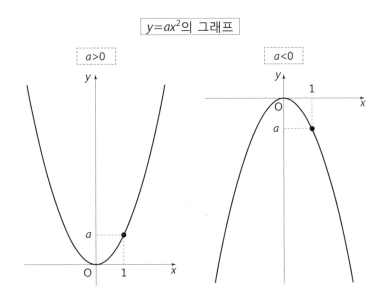

$y=ax^2$의 그래프

04
그래프의 평행이동

다음으로 원점을 꼭짓점으로 하는 '$y = ax^2$'의 그래프를

$$x \text{ 방향으로 } +p$$

$$y \text{ 방향으로 } +q$$

만큼 평행이동하는 것을 생각한다.

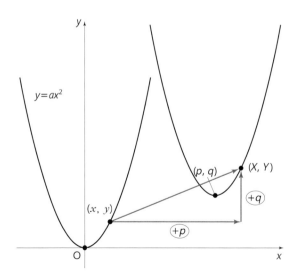

이때 '$y = ax^2$' 위의 점 (x, y)가 (X, Y)로 옮겨졌다고 하면 그림에 의해

$$\begin{cases} X = x + p \\ Y = y + q \end{cases}$$

이다. 이것을 (x, y)로 정리하면

$$\begin{cases} x = X - p \\ y = Y - q \end{cases}$$

가 된다. 이것을 '$y = ax^2$'에 대입해보자.

$$Y - q = a(X - p)^2$$
$$\Rightarrow Y = a(X - p)^2 + q \qquad \cdots ③$$

③은 (X, Y)의 관계식이다. (X, Y)는 평행이동 후 포물선 위의 점이므로 ③은 평행이동 후 포물선 위의 점이 만족하는 식, 즉 **평행이동 후 그래프의 식**이다.

원래 '$y = ax^2$'의 꼭짓점은 원점 $(0, 0)$이었으나 평행이동 후 포물선의 **꼭짓점은 (p, q)**가 된다.

2차함수 $y = a(X - p)^2 + q$의 그래프

(ⅰ) 모양은 $y = ax^2$과 같다

(ⅱ) 꼭짓점은 (p, q)

어려운 부분이지만 2차함수를 알려면 빠뜨릴 수 없으니 열심히 하자!

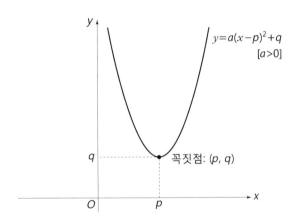

$y=a(x-p)^2+q$

$[a>0]$

q .... 꼭짓점: (p, q)

O p

주〉 ③의 (X, Y)가 슬쩍 (x, y)로 변해 있는 것을 이상하게 여기는 사람도 있을 것이다. 평행이동 후의 점을 (X, Y)라고 표시한 것은 평행이동 이전의 점과 구별하기 위해서이지 그 이상의 의미는 없다. ③의 (X, Y)가 (x, y)로 변한 것은 혼동할 우려가 없어졌으므로 평행이동 후의 점도 (x, y)로 표시한 것이라고 생각하자.

예제 3-4 다음 (1)~(3)의 2차함수 그래프 식을 보고 알맞은 그래프를 (A)~(C)에서 골라라.

(1) $y=(x-3)^2+2$　　　　　(2) $y=\dfrac{1}{2}x^2-1$

(3) $y=-(x+1)^2+5$

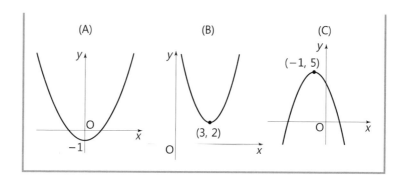

(1) 꼭짓점이 $(3, 2)$이고 아래로 볼록한 포물선이므로 (B)다.

(2) $y = \dfrac{1}{2}x^2 - 1 = \dfrac{1}{2}(x - 0)^2 + (-1)$

에 의해 꼭짓점은 $(0, -1)$이고 아래로 볼록한 포물선 (A)다.

(3) $y = -(x + 1)^2 + 5 = -\{x - (-1)\}^2 + 5$

에 의해 꼭짓점은 $(-1, 5)$이고 위로 볼록한 포물선 (C)다.

05
완전제곱과 2차함수의 그래프

'$y = a(x-p)^2 + q$'의 그래프가 어떤 모양이 되는지 알았지만 아직 석연치 않은 독자도 많을 것이다. 2차함수의 일반형 '$y = ax^2 + bx + c$'가 '$y = a(x-p)^2 + q$'와 형태가 다르기 때문이다.

'$y = ax^2 + bx + c$'가 어떤 그래프가 되는지 알기 위해서는 '**완전제곱**'이라는 식 변형이 필요하다. 이는 다음과 같은 것을 말한다.

$$ax^2 + bx + c = a(x+m)^2 + n$$

독자 여러분에게 겁을 주고 싶지는 않지만 완전제곱은 아주 어려운 식 변형이라 약간의 준비가 필요하다. 먼저 (내가 마음대로 명명한) '**완전제곱의 소(素)**'라는 식 변형에 익숙해져야 한다.

완전제곱의 소

앞장의 곱셈 공식에서

$$(x + k)^2 = x^2 + 2kx + k^2$$

이 되는 것을 배웠다. 이 식을 약간 변형해서

$$x^2 + 2kx = (x + k)^2 - k^2$$

이라고 하자. 이 식이 완전제곱의 기초가 된다.

완전제곱의 소

$$x^2 + 2kx = (x + k)^2 - k^2$$

절반   제곱

몇 가지 예를 들어 구체적으로 해보자.

$$x^2 + 6x = (x + 3)^2 - 9$$

절반   제곱

$$x^2 - 10x = (x - 5)^2 - 25$$

절반   제곱 $(-5)^2 = 25$

$$x^2 + 3x = \left(x + \frac{3}{2}\right)^2 - \frac{9}{4}$$

절반   제곱

완전제곱

조금 익숙해졌는가? 그럼 2차함수의 일반형 '$y = ax^2 + bx + c$'

를 완전제곱해보자. 최초의 2항 '$ax^2 + bx$'는 완전제곱의 소를 사용하여 다음과 같이 변형할 수 있다.

$$ax^2 + bx = a\left(x^2 + \frac{b}{a}x\right) = a\left\{\left(x + \frac{b}{2a}\right)^2 - \left(\frac{b}{2a}\right)^2\right\} = a\left\{\left(x + \frac{b}{2a}\right)^2 - \frac{b^2}{4a^2}\right\}$$

절반　제곱

회색 음영 부분이 '완전제곱의 소'다(처음에 전체를 a로 무리하게 묶는 것이 포인트다). 이상에서

$$y = ax^2 + bx + c = a\left\{\left(x + \frac{b}{2a}\right)^2 - \frac{b^2}{4a^2}\right\} + c$$

가 된다. 분배법칙을 사용하여 { }를 벗기면

$$y = a\left(x + \frac{b}{2a}\right)^2 - \frac{b^2}{4a} + c$$

$$= a\left(x + \frac{b}{2a}\right)^2 - \frac{b^2 - 4ac}{4a}$$

$$-\frac{b^2}{4a} + c = -\frac{b^2}{4a} + \frac{4ac}{4a}$$

$$= -\left(\frac{b^2}{4a} - \frac{4ac}{4a}\right)$$

뭔가 복잡한 모양이 되어버렸는데 이것으로 완전제곱은 끝났다.

고생 많았다~!

$$y = ax^2 + bx + c = a\left(x + \frac{b}{2a}\right)^2 - \frac{b^2 - 4ac}{4a}$$

$$y = ax^2 + bx + c = a\left(x + \frac{b}{2a}\right)^2 - \frac{b^2 - 4ac}{4a}$$

$$= a\left\{x - \left(-\frac{b}{2a}\right)\right\}^2 - \frac{b^2 - 4ac}{4a}$$

이므로 '$y = ax^2 + bx + c$'의 꼭짓점은

$$\left(-\frac{b}{2a}, \ -\frac{b^2 - 4ac}{4a}\right)$$

> $y = a(x-p)^2 + q$의
> 꼭짓점은 $(p, \ q)$

임을 알 수 있다.

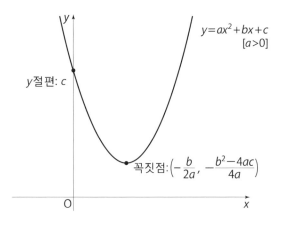

2차함수의 그래프 그리는 법

2차함수의 그래프를 그릴 때의 순서는 다음과 같다.

2차함수 그래프 그리는 순서

(i) 완전제곱을 해서 꼭짓점을 구한다

(ii) $x = 0$을 대입해서 y절편을 구한다

(iii) 꼭짓점과 y절편을, 포물선을 의식하면서 매끄럽게 연결한다

(iv) 반대쪽도 좌우대칭이 되도록 그린다.

예제 3-5 다음 2차함수의 그래프를 그려라.

$$y = \frac{1}{2}x^2 - x + \frac{3}{2}$$

해설

먼저 완전제곱이다.

$$y = \frac{1}{2}x^2 - x + \frac{3}{2}$$

최초의 2항을 x^2의 계수 $\frac{1}{2}$로 묶는다

$$= \frac{1}{2}(x^2 - 2x) + \frac{3}{2}$$

완전제곱의 소!

$$= \frac{1}{2}\{(x-1)^2 - 1\} + \frac{3}{2}$$

분배법칙

$$= \frac{1}{2}(x-1)^2 - \frac{1}{2} + \frac{3}{2}$$

$$= \frac{1}{2}(x-1)^2 + 1$$

꼭짓점은 $(1, 1)$이다!

다음으로 y절편을 확인해보자. 최초 식의 x에 0을 대입한다.

$$y = \frac{1}{2} \times 0^2 - 0 + \frac{3}{2} = \frac{3}{2}$$

이므로 y절편은 $\frac{3}{2}$이다. 그럼 좌표축에 그리자.

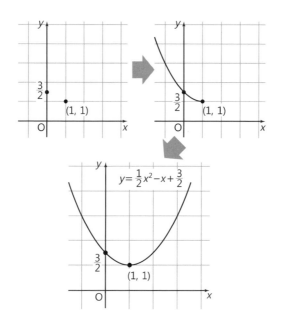

자, 이로써 우리는 어떤 2차함수의 그래프도 그릴 수 있게 되었다! 그래프를 그리면 x의 변화에 따라 y가 어떻게 바뀌는지 알 수 있다. **어떤 함수를 이해한다는 것은 말하자면 그 그래프를 아는 것이라고 생각하자.** 또한 함수에서는 최댓값이나 최솟값을 아는 것이 가장 기본인데 그것 역시 그래프를 그리면 한눈에 들어온다.

06
2차함수의 최댓값과 최솟값

앞의 예제에 등장한

$$y = \frac{1}{2}x^2 - x + \frac{3}{2}$$

의 경우 y값이 가장 작아지는 것은 x가 얼마일 때일까? 식으론 잘 모르겠지만 그래프를 보면 명백하다! y값이 가장 작아지는 것은 꼭짓점($x = 1$)이다. 꼭짓점의 y좌표는 1이므로 **이 함수의 최솟값은 $y = 1$임을 알 수 있다.** 또한 이 그래프의 경우 y값은 한없이 커질 수 있으므로 최댓값은 정할 수 없다. 수학에서 '정할 수 없는' 것은 존재하지 않는 것으로 본다.

예제 3-6 아래의 2차함수가 x값에 상관없이 언제나 $y > 0$이기 위한 a, b, c의 조건을 구하라(단 a, b, c는 실수 정수).

$$y = ax^2 + bx + c$$

'x값에 상관없이 항상 $y > 0$'란 '함수의 최솟값이 양수'라는 말과 같다.

최솟값을 알기 위해 그래프를 그리려면 먼저 완전제곱을 해야 한다.

$y = ax^2 + bx + c$의 완전제곱은 이미

$$y = ax^2 + bx + c = a\left(x + \frac{b}{2a}\right)^2 - \frac{b^2 - 4ac}{4a}$$

로 되어 있다.

그래프는 a가 양수냐 음수냐에 따라 방향이 달라진다.

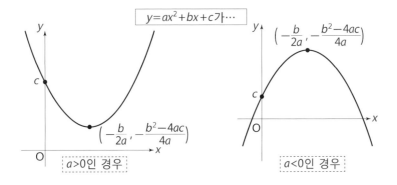

'$a < 0$'인 경우는 '항상 $y > 0$'가 불가능(반드시 x축을 넘어가 $y \leq 0$가 되는 경우가 있다)하므로 **적어도 '$a > 0$'일 필요**가 있다.

'$a > 0$'일 때 최솟값은 그래프에 의해 다음과 같다.

$$y_{\min} = -\frac{b^2 - 4ac}{4a} \quad \left[x = -\frac{b}{2a}\ \text{일 때}\right] \qquad \boxed{y_{\min} : y\text{의 최솟값}}$$

$$\text{항상}\ y > 0 \iff y_{\min} > 0$$

$$\Leftrightarrow -\frac{b^2 - 4ac}{4a} > 0$$

양변에 $\times 4a$ [양수]

$$\Leftrightarrow -(b^2 - 4ac) > 0$$

양변에 $\times (-1)$ [음수] → 주2

$$\Leftrightarrow b^2 - 4ac < 0$$

이상에서 구하는 조건은 '$b^2 - 4ac < 0$'이다.

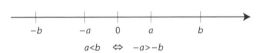

'$b^2 - 4ac < 0$'를 기억해!

주1〉 '⇔'는 전후가 같은 값(같은 내용)이라는 것을 나타내는 기호다. 'A는 B보다 키가 크다 ⇔ B는 A보다 키가 작다'와 같이 사용한다.

주2〉 부등식의 식 변형에 대해서는 다음 수직선을 보면 알 수 있듯이

$$-b \qquad -a \qquad 0 \qquad a \qquad b$$

$$a < b \quad \Leftrightarrow \quad -a > -b$$

가 된다. 일반적으로 부등식의 양변에 음수를 곱하면 부등호 방향은 반대가 된다.

07
2차함수와 2차방정식

그런데 2차함수

$$y = ax^2 + bx + c$$

에 $y = 0$을 **대입**하면 익숙한 식이 등장한다.

$$ax^2 + bx + c = 0$$

이것은 바로 '**2차방정식**'의 일반형으로 '$y = 0$'이란 x축 자체를

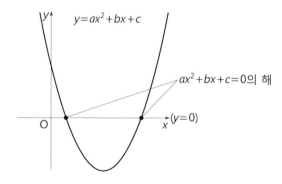

나타낸다. 즉 2차함수에 $y = 0$을 대입해서 얻어지는 **2차방정식의 해는 2차함수의 그래프와 x축의 교점(의 x좌표)을 나타낸다!**

2차방정식의 풀이법은 크게 2가지로 나뉜다.

(ⅰ) 인수분해로 푸는 방법
(ⅱ) '근의 공식'을 사용해 푸는 방법

각각을 간단히 복습해보자.

인수분해로 2차방정식 풀기

2차방정식 인수분해에 의한 해법은

$$A \times B = 0$$

$$\Rightarrow \{ A = 0 \text{ 또는 } B = 0 \}$$

을 사용한다.

인수분해란 앞장에서 나온 '곱셈 공식'을 역으로 사용해 합이나 차로 나타낸 다항식을 말한다.

인수분해 공식

(1) $x^2 + (a+b)x + ab = (x+a)(x+b)$

(2) $x^2 + 2ax + a^2 = (x+a)^2$

(3) $x^2 - 2ax + a^2 = (x-a)^2$

(4) $x^2 - a^2 = (x+a)(x-a)$

다음 2차방정식을 인수분해로 풀어라.

(A) $x^2 + 5x + 6 = 0$

(B) $x^2 + 6x + 9 = 0$

(C) $x^2 - 1 = 0$

해설

(A) $x^2 + 5x + 6 = 0$

$\Rightarrow x^2 + (2+3)x + 2 \cdot 3 = 0$

$\Rightarrow (x+2)(x+3) = 0$ (1) $x^2 + (a+b)x + ab = (x+a)(x+b)$

$\Rightarrow x + 2 = 0$ 또는 $x + 3 = 0$

$\Rightarrow x = -2$ 또는 $x = -3$

(B) $x^2 + 6x + 9 = 0$

$\Rightarrow x^2 + 2 \cdot 3x + 3^2 = 0$

$\Rightarrow (x+3)^2 = 0$ (2) $x^2 + 2ax + a^2 = (x+a)^2$

$\Rightarrow x + 3 = 0$

$\Rightarrow x = -3$

(C) $x^2 - 1 = 0$

$\Rightarrow x^2 - 1^2 = 0$

$\Rightarrow (x+1)(x-1) = 0$ (4) $x^2 - a^2 = (x+a)(x-a)$

$\Rightarrow x + 1 = 0$ 또는 $x - 1 = 0$

$\Rightarrow x = -1$ 또는 $x = 1$

근의 공식으로 2차방정식 풀기

2차방정식의 '근의 공식'은 다음과 같다.

$ax^2 + bx + c = 0$일 때

$$x = \frac{-b \pm \sqrt{b^2 - 4ac}}{2a}$$

기억하고 있는가? '그런 게 있었지' 하고 생각하는 사람이 많을 테니 증명을 해보자. 2차방정식 근의 공식의 증명은 상당히 복잡하고 번거롭지만 사실 우리는 이미 그 대부분의 계산을 끝낸 상태다! $y = ax^2 + bx + c$의 그래프를 그리기 위해 했던 완전제곱을 이용하는 것이다.

$$ax^2 + bx + c = a\left(x + \frac{b}{2a}\right)^2 - \frac{b^2 - 4ac}{4a}$$

에 의해

$$ax^2 + bx + c = 0$$

$$\Rightarrow a\left(x + \frac{b}{2a}\right)^2 - \frac{b^2 - 4ac}{4a} = 0$$

$$\Rightarrow a\left(x + \frac{b}{2a}\right)^2 = \frac{b^2 - 4ac}{4a}$$

$$\Rightarrow \left(x + \frac{b}{2a}\right)^2 = \frac{b^2 - 4ac}{4a^2}$$

$$\Rightarrow x + \frac{b}{2a} = \pm \sqrt{\frac{b^2 - 4ac}{4a^2}}$$

조금만 더,
조금만 더!

$$\Rightarrow x = -\frac{b}{2a} \pm \frac{\sqrt{b^2 - 4ac}}{2a}$$

$$\Rightarrow x = \frac{-b \pm \sqrt{b^2 - 4ac}}{2a}$$

이것으로 증명 완료! 예제로 연습을 해두자.

예제 3-8 다음 2차방정식을 근의 공식으로 풀어라.

$$3x^2 + 5x + 1 = 0$$

해설

근의 공식에 집어넣기만 하면 된다.

$3x^2 + 5x + 1 = 0$

$$\Rightarrow x = \frac{-5 \pm \sqrt{5^2 - 4 \cdot 3 \cdot 1}}{2 \cdot 3} = \frac{-5 \pm \sqrt{25 - 12}}{6} = \frac{-5 \pm \sqrt{13}}{6}$$

$ax^2 + bx + c = 0$일 때
$$x = \frac{-b \pm \sqrt{b^2 - 4ac}}{2a}$$

08
그래프와 판별식의 관계

그런데 근의 공식의 $\sqrt{}$ 안 식

$$b^2 - 4ac$$

는 [예제 3-6]에서 2차함수 '$y = ax^2 + bx + c$'가 '항상 $y > 0$이
되는' 조건 = '$y_{min} > 0$'의 조건에 등장한 식과 같다.

$$b^2 - 4ac < 0$$

이것은 우연이 아니다.

'$y = ax^2 + bx + c (a > 0)$'에   있어서   '$y_{min} > 0$'이라는   것은
'$y = ax^2 + bx + c$'의 그래프가 항상 x축의 위쪽에 있다는 것이다.
즉 '$b^2 - 4ac < 0$'는 그래프가 x축과 교점을 갖지 않기 위한 조건
이기도 하다.

한편 근의 공식에서 '$b^2 - 4ac$'는 $\sqrt{}$ 안에 들어가는 내용이다.

$\sqrt{}$ 안에 음수를 넣으면 예를 들어 $\sqrt{-3}$ 과 같이 된다. $\sqrt{}$ 의

정의에 의하면 $\sqrt{-3}$ 은 '제곱해서 -3 이 되는 수(중에서 양수)'를 의미하는데 그런 수는 **실수**(real number)의 범위에는 없다.

> **주)** 제곱해서 음수가 되는 수를 **허수**(imaginary number)라고 한다. 예를 들어 $\sqrt{-3}$ 은 'i(허수 단위)'를 사용하여
>
> $$\sqrt{-3} = \sqrt{3}\,i$$
>
> 로 표시한다. $b^2 - 4ac < 0$일 때 $ax^2 + bx + c = 0$의 해는
>
> $$x = \frac{-b \pm \sqrt{-(b^2 - 4ac)}\,i}{2a}$$
>
> 가 되어 (실수해는 갖지 않지만) 허수해를 2개 갖게 된다.

근의 공식에 의해 '$b^2 - 4ac < 0$'의 '해'는 실수에는 존재하지 않는다. 즉 '$b^2 - 4ac < 0$'은 '$ax^2 + bx + c = 0$'이 **실수해를 갖지 않기 위한 조건**임을 알 수 있다.

(눈치 빠른 독자는 지금쯤 알았겠지만) 앞의 $ax^2 + bx + c = 0$의 해는 '$y = ax^2 + bx + c$'와 x축의 교점(의 x좌표)을 나타낸다는 이야기도 했다. 그 말은 '$ax^2 + bx + c = 0$이 실수해를 갖지 않는다'는 것과 '$y = ax^2 + bx + c$와 x축이 교점을 갖지 않는다'는 같은 뜻이라는 말이다! 두 조건이 일치하는 것은 '당연'하다.

$$D = b^2 - 4ac$$

라고 하면 $ax^2 + bx + c = 0$의 근의 공식은

$$x = \frac{-b \pm \sqrt{D}}{2a}$$

라고 쓸 수 있다. 여기서 D의 부호(양수인지 0인지 음수인지)에 주목하면 다음과 같은 것을 알 수 있다.

$$\begin{cases} D > 0 \text{일 때 } x = \dfrac{-b + \sqrt{D}}{2a} \text{ 또는 } \dfrac{-b - \sqrt{D}}{2a} \; [\text{실수해가 2개}] \\[3mm] D = 0 \text{일 때 } x = \dfrac{-b}{2a} \; [\text{실수해는 1개}] \\[3mm] D < 0 \text{일 때 실수해 없음} \end{cases}$$

2차방정식 실수해의 개수(=2차방정식의 그래프와 x축과의 교점의 개수)를 판별할 수 있으므로 '$D = b^2 - 4ac$'를 **판별식**(discriminant)이라고 부른다. 그래프와 판별식의 관계는 다음과 같다.

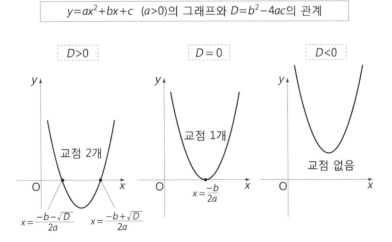

$y = ax^2 + bx + c \ (a>0)$의 그래프와 $D = b^2 - 4ac$의 관계

뒤에서 그래프가 x축과 교차하지 않는 조건이 '$b^2 - 4ac < 0$' 임을 이용해 상관관계 r에 대해 '$-1 \leq r \leq 1$'이 성립한다는 것을 설명하겠다.

예제 3–9 다음 2차함수의 그래프와 x축과의 교점의 개수를 구하라.

(1) $y = x^2 + x + 1$

(2) $y = 9x^2 + 6x + 1$

(3) $y = -x^2 + 3x + 2$

해설

교점의 좌표를 구하는 것이 아니라 교점의 개수를 구할 뿐이므로 판별식을 사용한다.

(1) $D = 1^2 - 4 \cdot 1 \cdot 1 = 1 - 4 < 0$

> $ax^2 + bx + c = 0$일 때
> $D = b^2 - 4ac$

판별식이 음수이므로 **교점은 없다.**

(2) $D = 6^2 - 4 \cdot 9 \cdot 1 = 36 - 36 = 0$

판별식이 0이므로 **교점은 1개다.**

(3) $D = 3^2 - 4 \cdot (-1) \cdot 2 = 9 + 8 > 0$

판별식이 양수이므로 **교점은 2개다.**

09
2차부등식

지금까지 2차방정식과 2차함수의 그래프를 보아왔다. 그런데

$$x^2 - 4x + 3 > 0$$

이라는 **2차부등식**도 2차함수의 그래프를 참고해 풀 수 있다.

$$x^2 - 4x + 3 = 0$$

$$\Rightarrow x^2 + \{(-1) + (-3)\} x + (-1) \cdot (-3) = 0 \qquad \boxed{\begin{array}{l} x^2 + (a+b)x + ab \\ = (x+a)(x+b) \end{array}}$$

$$\Rightarrow (x - 1)(x - 3) = 0$$

$$\Rightarrow x - 1 = 0 \ \ 또는 \ x - 3 = 0$$

$$\Rightarrow x = 1 \ \ 또는 \ x = 3$$

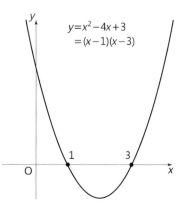

에 의해 '$y = x^2 - 4x + 3$'의 그래프와 x축은 $x = 1$과 $x = 3$에서 교차한다.

'$y = x^2 - 4x + 3$'에 있어서

'$x^2 - 4x + 3 > 0$'이란 $y > 0$는 것을 **의미한다.** 그래프에서는 아래의 실선 부분이 된다.

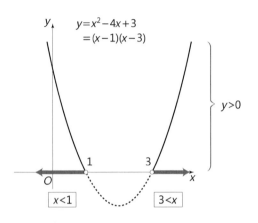

그래프로부터 '$x^2 - 4x + 3 > 0$'일 때

$$x < 1 \text{ 또는 } 3 < x$$

라는 것을 알 수 있다. 즉

$$x^2 - 4x + 3 > 0$$
$$\Rightarrow (x-1)(x-3) > 0$$
$$\Rightarrow x < 1 \text{ 또는 } 3 < x$$

이다. 이렇게 생각하면 그래프와의 관계에서 2차부등식의 해는 다음과 같이 정리할 수 있다.

2차함수 '$y = ax^2 + bx + c \,(a > 0)$'와 x축이 두 점에서 교차하며 그 교점이 α, β라고 하자$(\alpha < \beta)$.

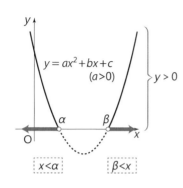

$ax^2+bx+c>0$일 때

$y=ax^2+bx+c$
$(a>0)$

$y>0$

$x<\alpha$ $\beta<x$

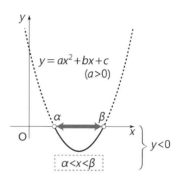

$ax^2+bx+c<0$일 때

$y=ax^2+bx+c$
$(a>0)$

$y<0$

$\alpha<x<\beta$

예제 3-10 다음 2차부등식을 풀어라.

(1) $x^2-3x+2>0$

(2) $x^2 \leqq 1$

(3) $x^2+x-3<0$

해설

부등호(>나 <)를 등호(=)로 바꿔서 2차방정식을 풀고, 2차함수의 그래프와 x축의 교점을 구한 다음 **그래프를 참고하여 푼다.**

(1) $x^2-3x+2=0$

$\Rightarrow (x-1)(x-2)=0$

$\Rightarrow x=1$ 또는 $x=2$

$x^2-3x+2>0$ 그래프

$x<1$ 또는 $2<x$

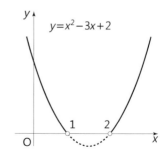

$y=x^2-3x+2$

(2) $x^2 = 1$

$$\Rightarrow x^2 - 1 = 0 \qquad \boxed{\begin{array}{l} x^2 - a^2 \\ = (x+a)(x-a) \end{array}}$$

$$\Rightarrow (x+1)(x-1) = 0$$

$$\Rightarrow x = -1 \ \text{또는} \ x = 1$$

$x^2 - 1 \leqq 0$이므로 그래프로부터

$$-1 \leqq x \leqq 1$$

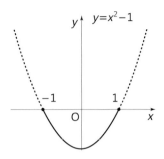

'$x^2 \leqq 1$'의 해가 '$-1 < x < 1$'는 것은 뒤에서 '$-1 \leqq r \leqq 1$' 를 나타낼 때 사용한다.

(3) $x^2 + x - 3 = 0$

근의 공식으로부터

$$\Rightarrow x = \frac{-1 \pm \sqrt{1^2 - 4 \cdot 1 \cdot (-3)}}{2 \cdot 1}$$

$$= \frac{-1 \pm \sqrt{1 + 12}}{2}$$

$$= \frac{-1 \pm \sqrt{13}}{2}$$

$$\boxed{\begin{array}{l} ax^2 + bx + c = 0 \text{일 때} \\ x = \dfrac{-b \pm \sqrt{b^2 - 4ac}}{2a} \end{array}}$$

$x^2 + x - 3 < 0$이므로 그래프로부터

$$\frac{-1 - \sqrt{13}}{2} < x < \frac{-1 + \sqrt{13}}{2}$$

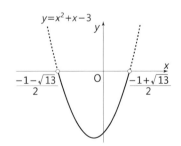

이번 장은 정말 힘들었을 것이다. 고생 많았다. 이제 고지가 저기다! 지금까지 배운 내용을 연습문제로 확인해두자.

연습문제 (정답은 401쪽 참고)

> **■연습 3-1** 다음에 제시한 x와 y의 관계로 y가 x의 함수인지 답하라.
>
> (1) 한 변의 길이가 $x$cm인 직사각형의 면적을 $y$cm^{2}라고 한다.
>
> (2) 한 변의 길이가 $x$cm인 정사각형의 면적을 $y$cm^{2}라고 한다.
>
> (3) x, y는 $x = y^2$을 만족하는 수다.
>
> (4) 원주율 3.14159265359…의 소수 x번째 숫자를 y라고 한다.

해답

(1) 직사각형의 면적(y)은 한 변의 길이(x)만으로는 결정되지 않는다. 따라서 ☐☐☐☐☐☐☐☐☐☐를 알 수 있다.

(2) 정사각형의 면적(y)은 한 변의 길이(x)만으로 결정된다. 따라서 ☐☐☐☐☐☐☐☐☐☐라고 말할 수 있다.

(3) $x = y^2$일 때, 예를 들어 $x = 4$라고 하면

$$4 = y^2 \implies y = \pm 2$$

가 되어 y값은 '2'와 '−2' 가운데 하나이며, 어느 하나로 일방적으로 결정할 수 없다. 따라서 ☐☐☐☐☐☐☐☐☐☐를 알 수 있다.

(4) 예를 들어 $x = 6$이라고 하면 원주율의 소수 6번째 수는 '2'이므로 $y = 2$라고 정해진다. y를 x의 식으로 나타낼 수는 없지만 ☐☐☐☐☐☐☐☐☐☐☐☐☐☐라고 말할 수 있다.

■ **연습 3-2** 다음 그래프의 식을 구하라.

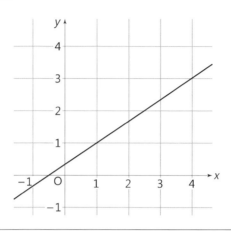

해답

직선의 식은 기울기와 통과하는 한 점을 알면 구할 수 있다. 그래프는
(1, 1)과 (4, 3)을 통과하고 있으므로

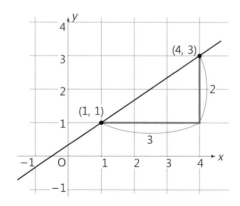

그림에 의해 기울기=◻

직선은 $(1, 1)$을 통과하므로 구하는 그래프의 식은

$$y = \boxed{} (x - \boxed{}) + \boxed{} = \boxed{}$$

> 기울기가 a에서 점 (p, q)
> 를 통과하는 직선의 식
> $y = a(x - p) + q$

▪연습 3-3 1차함수 $y = ax + 4 \,(a < 0)$의 x 범위가 $-2 \leq x \leq 4$일 때 y값의 범위가 $b \leq y \leq 6$이 되도록 정수 a, b의 값을 구하라.

해답

기울기 'a'가 음의 값이므로 그래프는 우하향 직선이 된다. 즉 x값이 가장 클 때 y값은 가장 $\boxed{}$, x값이 가장 작을 때 y값은 가장 $\boxed{}$.

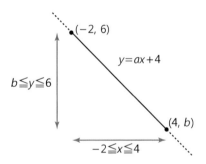

따라서 그래프는 점 $(-2, 6)$과 $(4, b)$를 통과하므로

$$\begin{cases} \boxed{} = a \times \boxed{} + 4 \\ \boxed{} = a \times \boxed{} + 4 \end{cases}$$

> $y = f(x)$일 때 점 $(a, f(a))$는
> $y = f(x)$의 그래프상에 있다

이 연립방정식을 풀어서

$$a = \boxed{} \qquad b = \boxed{}$$

■**연습 3-4** 다음 2차함수의 그래프를 그려라.

$$y = -x^2 + 4x + 1$$

해답

꼭짓점을 알기 위해 먼저 완전제곱을 한다.

$$
\begin{aligned}
y &= -x^2 + 4x + 1 \\
&= -(x^2 - 4x) + 1 \\
&= -\{(x - \boxed{})^2 - \boxed{}\} + 1 \\
&= \boxed{}
\end{aligned}
$$

$$
\begin{aligned}
x^2 + 2kx = \\
(x + k)^2 - k^2
\end{aligned}
$$

따라서 꼭짓점은 $\boxed{}$, y절편은 $\boxed{}$. x^2의 계수가 음수이므로 그래프는 $\boxed{}$하다.

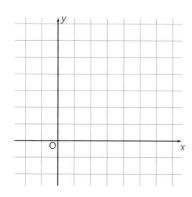

■연습 3-5 다음 부등식이 성립하는 것을 증명하라. 또한 등호가 성립할 때의 x값과 y값을 구하라.

$$x^2 - 2x + y^2 + 6y + 10 \geqq 0$$

해답

$$z = x^2 - 2x + y^2 + 6y + 10$$

이라고 하면 이 문제는 'z의 최솟값은 0이고 z가 최소가 될 때의 x값과 y값을 구하라'라고 바꿔 말할 수 있다.

z값은 x와 y에 의해 결정되므로 z는 x와 y의 함수다. 이와 같이 2개의 변수에 의해 정해지는 함수를 **2변수함수**라고 한다.

z는 x 2차식과 y 2차식의 합이므로 x, y 각각에 대해 ⬚한다.

$$z = x^2 - 2x + y^2 + 6y + 10$$
$$= \{(x - \boxed{})^2 - \boxed{}\} + \{(y + \boxed{})^2 - \boxed{}\} + 10$$
$$= \boxed{}^2 + \boxed{}^2$$

여기서

$$z_1 = \boxed{}^2$$
$$z_2 = \boxed{}^2$$

이라고 하면

$$z = z_1 + z_2$$

z_1과 z_2를 각각 그래프로 그리면

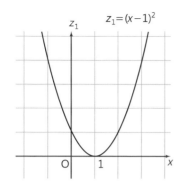 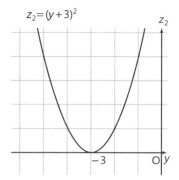

이 되므로

$$x = \boxed{}\,\text{일 때}\ z_1\text{의 최솟값} = \boxed{} \Rightarrow z_1 \geqq 0$$

$$y = \boxed{}\,\text{일 때}\ z_2\text{의 최솟값} = \boxed{} \Rightarrow z_2 \geqq 0$$

따라서

$$z = z_1 + z_2 \geqq 0$$

등호가 성립하는 때는 다음과 같다.

$$x = \boxed{}, \quad y = \boxed{}$$

주) 일반적으로

$$z_1^2 + z_2^2 + z_3^2 + \cdots + z_n^2 \geqq 0$$

의 부등식은 성립한다. 또한

$$z_1^2 + z_2^2 + z_3^2 + \cdots + z_n^2 = 0$$

이 되는 것은 다음과 같은 경우다.

$$z_1 = z_2 = z_3 = \cdots = z_n = 0$$

> **■연습 3-6** 2차함수 '$y = x^2 + (2k-1)x - 2k$'의 그래프가 x
> 축에서 잘라낸 선분의 길이가 3일 때 k의 값을 구하라. 단
> $k > 0$이라고 한다.

해설

'$y = x^2 + (2k-1)x - 2k$'의 그래프와 x축과의 교점(의 x좌표)은 2차방정
식 '$x^2 + (2k-1)x - 2k = 0$'의 해다. '$x^2 + (2k-1)x - 2k$'는 의외로(?) 인
수분해가 가능하다.

$$x^2 + (2k-1)x - 2k = 0$$
$$\Rightarrow (x + \boxed{})(x - \boxed{}) = 0$$
$$\Rightarrow x = \boxed{} \text{ 또는 } x = \boxed{}$$

$$\boxed{\begin{array}{l} x^2 + (a+b)x + ab \\ = (x+a)(x+b) \end{array}}$$

$k > 0$이므로

$$-2k \; \boxed{} \; 1$$

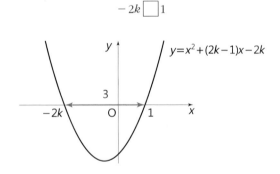

따라서

$$\boxed{} - \boxed{} = 3$$
$$\Rightarrow k = \boxed{}$$

■**연습 3-7** 다음 2차부등식을 풀어라.

(1) $x^2 - 10x + 25 > 0$

(2) $x^2 \leq 3$

(3) $-2x^2 - 3x + 1 \geq 0$

해답

(1)

$$x^2 - 10x + 25 = 0$$

$\boxed{\begin{array}{l} x^2 - 2ax + a^2 \\ = (x-a)^2 \end{array}}$

그래프를 그린다

$\Rightarrow \boxed{}^2 = 0$

$\Rightarrow x = \boxed{}$

그래프에 따라

$\boxed{}$

(2)

$$x^2 = 3$$

$\boxed{\begin{array}{l} x^2 - a^2 \\ = (x+a)(x-a) \end{array}}$

그래프를 그린다

$\Rightarrow x^2 - 3 = 0$

$\Rightarrow (x + \boxed{})(x - \boxed{}) = 0$

$\Rightarrow x = \boxed{}$ 또는 $x = \boxed{}$

그래프에 따라

$\boxed{}$

(3) x^2의 계수는 양수가 생각하기 쉬우므로

$$-2x^2 - 3x + 1 \geq 0 \Rightarrow 2x^2 + 3x - 1 \boxed{} 0$$

으로 변형해두자.

$$2x^2 + 3x - 1 = 0$$

$$\boxed{ax^2 + bx + c = 0일\ 때 \\ x = \dfrac{-b \pm \sqrt{b^2 - 4ac}}{2a}}$$

인수분해를 할 수 없으므로 근의 공식을 이용한다.

$x = \boxed{}$

$\boxed{\text{그래프를 그린다}}$

그래프에 따라

$\boxed{}$

■연습 3–8 다음 2차함수의 그래프가 항상 x축의 위쪽에 있을 수 있는 m의 값의 범위를 구하라.

$$y = x^2 + (m+1)x + m + 1$$

해답

x^2의 계수가 양수이므로 그래프는 $\boxed{}$ 포물선. '그래프가 항상 x축의 위쪽'이란 '그래프와 x축이 교점을 갖지 않는다'는 말과 같으며 그러기 위해서는 판별식이 $\boxed{}$이면 된다.

$D = \boxed{} = m^2 - 2m - 3 \;\boxed{}\; 0$

$\boxed{ax^2 + bx + c = 0일\ 때 \\ D = b^2 - 4ac}$

$m^2 - 2m - 3 = 0$

$\Rightarrow (m + \boxed{})(m - \boxed{}) = 0$

$\Rightarrow m = \boxed{}$ 또는 $m = \boxed{}$

그래프에 의해 구하는 m의 범위는

$\boxed{}$

수고 많았다!

┌─────────────────────┐
│ 그래프를 그린다   │
│   │
│   │
│   │
│   │
│   │
│   │
└─────────────────────┘

드디어 상관계수가 나오네요.

오카다 교수

나가노

네. 이제 통계를 배우려 할 때 만나는 최초의 난코스가 나옵니다.

통계를 약간 배운 사람이라면 상관계수 r 이

$$-1 \leqq r \leqq 1$$

이 된다는 것은 알고 있겠지만 '왜 그렇게 되는지' 설명할 수 있는 사람은 별로 없죠.

오카다 교수

나가노

그렇습니다! 상관계수를 확실하게 이해하려면 앞에서 소개했던 흐름도처럼 수학이 엄청나게 필요하기 때문일 거예요.

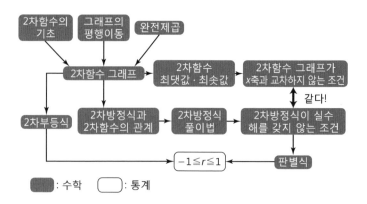

확실히 그렇죠. 통계는 도구로서 편리하니까 사용법만 배우고 마는 사람이 많은 것 같던데 **다양한 통계량**(표본의 특성을 나타내는 수치)을 '이해'하지 못하면 자기가 뭘 하고 있는지를 모르게 되어 심도 있는 공부가 안 되지요. 독자 여러분이 여기서 조금만 열심히 해주었으면 해요.

저도 열심히 설명하겠습니다.

사실 우리 실생활에서는 2개의 변량 사이에 함수처럼 엄밀한 관계가 있기는 힘들지만 그래도 "**한쪽이 증가하면 다른 한쪽도 증가한다**(한쪽이 감소하면 다른 한쪽도 감소한다)"는 경향은 많이 볼 수 있습니다. 이런 경향의 강약을 나타내기 위한 수학적인 방법을 익히는 것이 이번 장의 목표죠.

10
산포도

제1장에서 배운 히스토그램이나 상자그림은 **1변량 데이터**를 정리해서 그 경향을 알아보는 데 적합한 그래프였다. 그러나 2변량 데이터를 정리하여 경향을 파악하려면 다른 그래프가 필요하다. 바로 '**산포도**(또는 **산점도**)'다.

> 주) 예를 들면 다나카, 스즈키, 사토 세 사람의 키를 조사한 다음과 같은 것은 '1변량 데이터'다.
>
> | 이름 | 다나카 | 스즈키 | 사토 |
> |------|--------|--------|------|
> | 키(cm) | 162 | 172 | 177 |
>
> 한편 세 사람의 키와 체중을 조사한 다음과 같은 것은 '2변량 데이터'다.
>
> | 이름 | 다나카 | 스즈키 | 사토 |
> |------|--------|--------|------|
> | 키(cm) | 162 | 172 | 177 |
> | 체중(kg) | 58 | 65 | 79 |

산포도에서는 2개 변수의 값을 좌표로 취급하며 그것을 좌표축 위에 점으로 찍어간다. '이게 뭔 소리야?' 하고 생각한다면 직접

해보자. 그게 가장 이해하기 쉽다. 다음 데이터의 산포도를 만들어

보자. 1장부터 사용하고 있는 A반의 수학 점수와 같은 학생의 물리

점수를 정리한 것이다.

출석번호	①	②	③	④	⑤	⑥
수학[점]	50	60	40	30	70	50
물리[점]	40	60	40	20	80	50

여기서 **가로축을 수학 점수, 세로축을 물리 점수**로 한 좌표축을

생각하여 ①~⑥ 학생 각각의 수학과 물리 점수를

(수학 점수, 물리 점수)

로 좌표에 나타내기로 한다. 그러면 ①번 학생의 점수는 (50, 40)

이므로 좌표축 위에 아래 그림과 같이 점을 찍을 수 있다(좌표축을

정할 때 특별한 기준은 없다. 가로축에 물리 점수, 세로축에 수학 점수를 놓아도

된다).

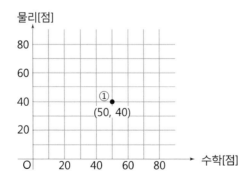

마찬가지로 ②~⑥번 학생의 점수도 표시한다. 이것이 **산포도**다.

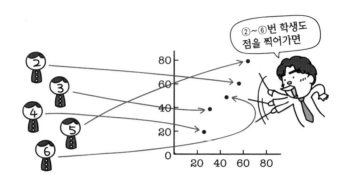

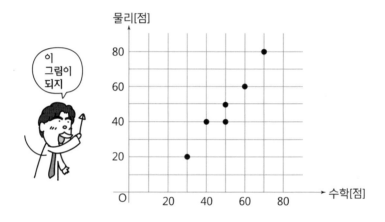

자, 이 산포도에서 무엇을 읽을 수 있을까? 한눈에 수학 점수가 높은 사람일수록 물리 점수도 높은 경향이 있음을 알 수 있다. 산포도의 각 점은 전체적으로 우상향의 비교적 좁은 띠 안에 들어 있다. 이것은 **양수의 기울기를 갖는 1차함수의 그래프를 닮았다.**

이럴 때 통계에서는 '2개의 변량 사이에는 **강한 양의 상관관계가 있다**'고 말한다.

2변량 데이터를 정리하여 산포도를 만들면 (대략이긴 해도) 두 변

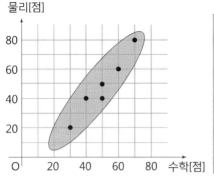

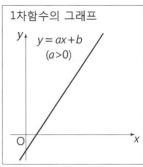

량 사이의 **상관관계의 유무나 강약**을 알 수 있다.

산포도는 크게 나누어 다음 5종류로 분류된다.

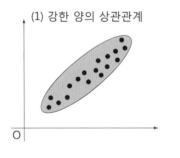

(1) 강한 양의 상관관계

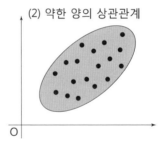

(2) 약한 양의 상관관계

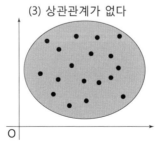

(3) 상관관계가 없다

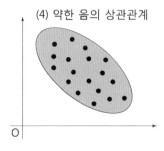

(4) 약한 음의 상관관계

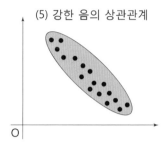

(5) 강한 음의 상관관계

주) 산포도가 전체적으로 우상향일 때는 '양의 상관관계', 우하향일 때는 '음의 상관관계'라고 한다. 이것은 1차함수의 그래프(직선)로

그래프가 우상향 ⇒ 직선의 기울기는 양

그래프가 우하향 ⇒ 직선의 기울기는 음

이라는 것과 대응한다.

아래 표는 A반 6명의 학생에 대해 수학 점수와 키의 데이터를 정리한 것이다. 이것을 산포도로 정리해보자.

출석번호	①	②	③	④	⑤	⑥
수학[점]	50	60	40	30	70	50
키[cm]	173	173	170	178	167	177

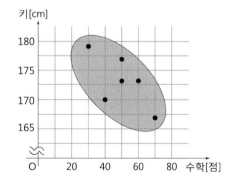

이번에는 어떤 경향을 읽을 수 있는가?

그렇다, A반 학생의 수학 점수와 키 사이에는 **약한 음의 상관관계**가 있음을 알 수 있다.

상관관계에 대해 주의할 점

단 상관관계를 조사할 때 반드시 주의해야 하는 점이 2가지 있다. 하나는 얻어진 상관관계는 어디까지나 그 조사 대상에 대한 결과이며, 그것을 가지고 곧바로 '일반적 관계'로 연결할 수는 없다는 점이다. 앞의 예에서 A반의 6명은 '키가 클수록 수학 점수가 낮다'라는 상관관계를 얻을 수 있었지만, 이것을 모든 고교생에게 적용시키는 '상식'으로 삼았다가는 아마도 전국의 키 큰 고등학생들이 분노하여 들고일어날 것이다.

다른 하나는 2변량 데이터에 대해 어떤 상관관계가 있음을 알았다 하더라도 양자 사이의 인과관계는 단정할 수 없다는 점이다. A반의 예에서도 키가 크고 작음이 수학 성적의 좋고 나쁨에 인과관계가 있다고는 절대 생각할 수 없다. 한마디로 말해서 **상관관계≠인과관계**인 것이다.

상관관계에서 주의해야 할 점

(1) 얻어진 경향이 반드시 일반적이지는 않다

(2) 상관관계가 있다 해도 반드시 인과관계가 있지는 않다

오카다 교수

(1)에 대해 모집단의 모든 데이터를 갖고 있는 경우를 제외하고 다른 통계량(평균, 분산, 표준편차 등)에 대해서도 얻어진 결과가 반드시 '일반적'인 것은 아닙니다. **모집단에서 추출한 일부 표본**(샘플)에서 구한 결과가 일반적이다(모집단의 경향을 올바르게 반영하고 있다)라고 생각할 수 있는지 없는지를 조사하기 위한 기법, 그것이 '**추론통계**'다.

(2)에 대해 예를 들어 X와 Y라는 두 변량 사이에 상관관계가 있다는 것만으로는 다음의 어떤 것인지를 판별할 수 없다.

- X(원인) → Y(결과)의 관계가 있으므로 X와 Y의 사이에 상관관계가 보인다
- Y(원인) → X(결과)의 관계가 있으므로 X와 Y의 사이에 상관관계가 보인다
- X와 Y가 모두 공통의 원인 Z의 결과($Z → X$이자 $Z → Y$)이므로 X와 Y 사이에 상관관계가 보인다
- 보다 복잡한 관계가 있다
- 우연

11
상관계수

산포도에 의해 2변량 데이터의 대략적 상관관계는 파악했지만 강약의 판단은 다분히 감각적이어서 사람마다 다르게 느낄 수도 있다. 그래서 통계에서는 양이나 음의 상관관계와 강약을 엄밀하게 나타내는 수치가 있다. 그것이 '**상관계수**'다.

상관계수의 이론은 어려워 고교 수학에서는 구하는 방법(계산방법)만 배운다. 그러면 서운하니 이 책에서는 이론도 되도록 자세하게 설명해보겠다.

상관계수 구하는 방법

x, y의 변량을 가진 데이터(2변량 데이터)가 있다고 하자.

번호	①	②	③	…	ⓝ
x	x_1	x_2	x_3	…	x_n
y	y_1	y_2	y_3	…	y_n

상관계수를 구하는 데 필요한 값은 3개다. x 와 y 각각의 표준편차와 다음 식으로 정의되는 **공분산**(covariance)이다.

공분산의 정의

x 와 y 의 공분산을 c_{xy} 라고 하면

$$c_{xy} = \frac{(x_1 - \bar{x})(y_1 - \bar{y}) + (x_2 - \bar{x})(y_2 - \bar{y}) + \cdots + (x_n - \bar{x})(y_n - \bar{y})}{n}$$

[$\bar{x}$ 와 $\bar{y}$ 는 각각 x 와 y 의 평균]

또 x 와 y 의 표준편차를 각각 s_x, s_y 라고 하면 **상관계수**(correlation coefficient)는 다음과 같이 나타낸다.

상관계수의 정의

x 와 y 의 상관계수를 r 이라고 하면

$$r = \frac{c_{xy}}{s_x \cdot s_y}$$

주) 표준편차는 다음과 같이 나타냈다.

$$s_x = \sqrt{V_x} = \sqrt{\frac{(x_1 - \bar{x})^2 + (x_2 - \bar{x})^2 + (x_3 - \bar{x})^2 + \cdots + (x_n - \bar{x})^2}{n}}$$

$$s_y = \sqrt{V_y} = \sqrt{\frac{(y_1 - \bar{y})^2 + (y_2 - \bar{y})^2 + (y_3 - \bar{y})^2 + \cdots + (y_n - \bar{y})^2}{n}}$$

[V_x 와 V_y 는 각각 x 와 y 의 분산]

참고로 x 와 y 의 상관계수 r_{xy} 는 원래 첨자 x, y 를 붙여 쓰는 것이 일반적이지만 명백할 때는 종종 생략된다.

갑자기 한꺼번에 문자식이 나오니 울렁증이 생길지도 모르겠다. 자세히 살펴보자. 다음과 같은 2변량 데이터가 있다고 하자.

데이터 번호	①	②	③
x	−1	2	2
y	1	3	5

상관계수를 구하려면 다음과 같은 **표로 정리하기**를 권한다.

데이터 번호	①	②	③	합계	합계÷3	
x	−1	2	2	3	1	—— $\bar{x}$ (x의 평균)
y	1	3	5	9	3	—— $\bar{y}$ (y의 평균)
$x-\bar{x}$	−2	1	1	0	0	
$y-\bar{y}$	−2	0	2	0	0	
$(x-\bar{x})^2$	4	1	1	6	2	—— V_x (x의 분산)
$(y-\bar{y})^2$	4	0	4	8	$\frac{8}{3}$	—— V_y (y의 분산)
$(x-\bar{x})(y-\bar{y})$	4	0	2	6	2	c_{xy} (공분산)

$\sqrt{V_x}=\sqrt{2}$ s_x (x의 표준편차)

$\sqrt{V_y}=\sqrt{\dfrac{8}{3}}$ s_y (y의 표준편차)

상관계수를 구하려면 회색 음영의 3개 값을 사용한다.

$$r = \frac{c_{xy}}{s_x \cdot s_y} = \frac{2}{\sqrt{2} \cdot \sqrt{\dfrac{8}{3}}} = \frac{2}{\sqrt{\dfrac{16}{3}}} = \frac{2}{\left(\dfrac{4}{\sqrt{3}}\right)}$$

$$= 2 \div \frac{4}{\sqrt{3}}$$

$$= 2 \times \frac{\sqrt{3}}{4} = \frac{\sqrt{3}}{2} \fallingdotseq 0.87 \qquad \boxed{\sqrt{3}=1.732\cdots}$$

상관계수의 해석

상관계수 r은 반드시 $-1 \leqq r \leqq 1$의 범위에 있다(이유는 뒤에서 설명한다). 상관계수의 강약은 r의 값으로 대개 다음과 같이 판단한다.

앞의 A반 수학과 물리 점수에 대한 공분산을 구하면 다음과 같다 (계산은 엑셀을 사용하고 값은 소수 세 자릿수를 반올림했다).

출석번호	①	②	③	④	⑤	⑥	합계	합계÷6	
x(수학[점])	50	60	40	30	70	50	300	50.00	$\bar{x}$ (x의 평균)
y(물리[점])	40	60	40	20	80	50	290	48.33	$\bar{y}$ (y의 평균)
$x-\bar{x}$	0.00	10.00	-10.00	-20.00	20.00	0.00	0.00	0.00	
$y-\bar{y}$	-8.33	11.67	-8.33	-28.33	31.67	1.67	0.00	0.00	
$(x-\bar{x})^2$	0.00	100.00	100.00	400.00	400.00	0.00	1000.00	166.67	V_x (x의 분산)
$(y-\bar{y})^2$	69.44	136.11	69.44	802.78	1002.78	2.78	2083.33	347.22	V_y (y의 분산)
$(x-\bar{x})(y-\bar{y})$	0.00	116.67	83.33	566.67	633.33	0.00	1400.00	233.33	c_{xy} (공분산)

$$\sqrt{V_x} = \sqrt{166.67} = \boxed{12.91} \quad \boxed{s_x \text{ (}x\text{의 표준편차)}}$$

$$\sqrt{V_y} = \sqrt{347.22} = \boxed{18.63} \quad \boxed{s_y \text{ (}y\text{의 표준편차)}}$$

$$r = \frac{c_{xy}}{s_x \cdot s_y} = \frac{233.33}{12.91 \times 18.63} ≒ 0.97$$

r의 값이 거의 1이므로(산포도에서 알 수 있듯이) A반의 수학과 물

리 점수 사이에는 상당히 강한 상관이 있음을 알 수 있다. A반의 수학 점수와 키에 관해서도 마찬가지로 계산을 해보면

$$r ≒ -0.65$$

이다(여력이 있는 사람은 꼭 확인해보기 바란다!).

12
상관계수의 이론적 배경

상관계수는 영국에서 활약한 통계학자 **프랜시스 골튼**(Francis Galton, 1822~1911)이 제창하고, 골튼의 후계자인 **칼 피어슨**(Karl Pearson, 1857~1936)이 가우스(C. F. Gauss, 1777~1855)의 2차원 정규 분포 이론을 토대로 정리했다. 앞에서도 말했듯이 이를 이해하기는 쉽지 않다.

그래서 이 책에서는 먼저 상관계수 r이 반드시 $-1 \leq r \leq 1$의 범위에 있음을 증명하고, 다음으로 상관계수가 1이나 -1에 가까우면 '강한 상관관계가 있다'고 말할 수 있는 이유를 설명할 것이다.

이제 수식들이 좀(어쩌면 상당히?) 많이 나올 텐데 가능한 한 자세하게 설명할 테니 잘 따라오기 바란다.

상관계수는

$$r = \frac{c_{xy}}{s_x \cdot s_y} \qquad \cdots ①$$

로 표시되며 c_{xy}, s_x, s_y는 각각

$$c_{xy} = \frac{(x_1 - \bar{x})(y_1 - \bar{y}) + (x_2 - \bar{x})(y_2 - \bar{y}) + \cdots + (x_n - \bar{x})(y_n - \bar{y})}{n}$$

$$s_x = \sqrt{\frac{(x_1 - \bar{x})^2 + (x_2 - \bar{x})^2 + (x_3 - \bar{x})^2 + \cdots + (x_n - \bar{x})^2}{n}}$$

$$s_y = \sqrt{\frac{(y_1 - \bar{y})^2 + (y_2 - \bar{y})^2 + (y_3 - \bar{y})^2 + \cdots + (y_n - \bar{y})^2}{n}}$$

라는 어마어마한 식이었는데, 여기서는 간단히 하기 위해 $n = 3$의 경우를 생각해보자. 즉

$$c_{xy} = \frac{(x_1 - \bar{x})(y_1 - \bar{y}) + (x_2 - \bar{x})(y_2 - \bar{y}) + (x_3 - \bar{x})(y_3 - \bar{y})}{3}$$

$$s_x = \sqrt{\frac{(x_1 - \bar{x})^2 + (x_2 - \bar{x})^2 + (x_3 - \bar{x})^2}{3}}$$

$$s_y = \sqrt{\frac{(y_1 - \bar{y})^2 + (y_2 - \bar{y})^2 + (y_3 - \bar{y})^2}{3}}$$

그래도 식이 여전히 어마어마하므로

$$X_1 = x_1 - \bar{x}, \quad X_2 = x_2 - \bar{x}, \quad X_3 = x_3 - \bar{x}$$

$$Y_1 = y_1 - \bar{y}, \quad Y_2 = y_2 - \bar{y}, \quad Y_3 = y_3 - \bar{y}$$

으로 치환하자. 그러면

$$c_{xy} = \frac{X_1 Y_1 + X_2 Y_2 + X_3 Y_3}{3} \qquad \cdots ②$$

$$s_x = \sqrt{\frac{X_1{}^2 + X_2{}^2 + X_3{}^2}{3}} \qquad \cdots ③$$

$$s_y = \sqrt{\frac{Y_1{}^2 + Y_2{}^2 + Y_3{}^2}{3}} \qquad \cdots ④$$

이 된다(어느 정도 정리되었다).

자, 우리의 당면 목표는 $-1 \leq r \leq 1$를 나타내는 일인데, 여기서

$$r^2 \leq 1$$
$$\Leftrightarrow r^2 - 1 \leq 0$$
$$\Leftrightarrow (r+1)(r-1) \leq 0$$
$$\Leftrightarrow -1 \leq r \leq 1 \qquad \cdots ⑤$$

임을 기억한다면 $-1 \leq r \leq 1$을 나타내기 위해서는

$$r^2 \leq 1 \qquad \cdots ⑥$$

를 나타낼 수 있으면 된다는 말이 된다. ⑥에 ①을 대입하면

$$\left(\frac{c_{xy}}{s_x \cdot s_y}\right)^2 \leq 1 \qquad \cdots ⑦$$

이다. 여기에 ②~④를 대입하여 증명해야 하는 식을 간단히 한다.

$$⑦식 \Leftrightarrow \left(\frac{\dfrac{X_1 Y_1 + X_2 Y_2 + X_3 Y_3}{3}}{\sqrt{\dfrac{X_1{}^2 + X_2{}^2 + X_3{}^2}{3}} \cdot \sqrt{\dfrac{Y_1{}^2 + Y_2{}^2 + Y_3{}^2}{3}}}\right)^2 \leq 1$$

$$\Leftrightarrow \left(\frac{\dfrac{X_1Y_1 + X_2Y_2 + X_3Y_3}{3}}{\dfrac{\sqrt{X_1^2 + X_2^2 + X_3^2} \cdot \sqrt{Y_1^2 + Y_2^2 + Y_3^2}}{3}} \right)^2 \leqq 1$$

$$\Leftrightarrow \left(\frac{X_1Y_1 + X_2Y_2 + X_3Y_3}{\sqrt{X_1^2 + X_2^2 + X_3^2} \cdot \sqrt{Y_1^2 + Y_2^2 + Y_3^2}} \right)^2 \leqq 1$$

$$\Leftrightarrow \frac{(X_1Y_1 + X_2Y_2 + X_3Y_3)^2}{(X_1^2 + X_2^2 + X_3^2)(Y_1^2 + Y_2^2 + Y_3^2)} \leqq 1$$

$$\Leftrightarrow (X_1Y_1 + X_2Y_2 + X_3Y_3)^2$$
$$\leqq (X_1^2 + X_2^2 + X_3^2)(Y_1^2 + Y_2^2 + Y_3^2) \qquad \cdots ⑧$$

번거로운 식 변형이었지만 ⑧식이야말로 우리가 증명해야 하는 것이다. 여기서 ⑧식을 증명하기 위해 **아주 뜻밖의 방법**을 소개한다. <u>스스로 생각해내기에 쉬운 방법은 아니지만 훌륭한 선조들이 이미 생각해주셨다.</u> 2차함수의 그래프를 사용한 시각적 이해가 가능하며 $n = 3$일 때 이외에도 통용되는 획기적인 방법이다. 선조들의 지혜를 즐겁게 감상해보자.

먼저 다음과 같은 부등식을 준비한다.

$$(X_1t - Y_1)^2 + (X_2t - Y_2)^2 + (X_3t - Y_3)^2 \geqq 0 \qquad \cdots ⑨$$

주) 여기서 새로운 문자 't'를 등장시키는 이유는 논의의 주역을 X나 Y에서 다른 문자로 옮기기 위해서다. 이하의 증명은 X_1, X_2, X_3, Y_1, Y_2, Y_3의 각각을 단지 '계수'로 격하시키는 것이 포인트다. 물론 새로운 문자는 't'가 아니어도 상관없다.

좌변에서

$$(X_1 t - Y_1)^2 \geqq 0, \quad (X_2 t - Y_2)^2 \geqq 0, \quad (X_3 t - Y_3)^2 \geqq 0$$

이므로 ⑨가 성립하는 것은 명백하다.

⑨의 좌변을 전개하여 t 에 대해 정리하면

$$(X_1 t - Y_1)^2 + (X_2 t - Y_2)^2 + (X_3 t - Y_3)^2 \geqq 0$$

$$\Leftrightarrow X_1{}^2 t^2 - 2X_1 Y_1 t + Y_1{}^2 + X_2{}^2 t^2 - 2X_2 Y_2 t + Y_2{}^2 + X_3{}^2 t^2$$

$$- 2X_3 Y_3 t + Y_3{}^2 \geqq 0$$

$$\Leftrightarrow (X_1{}^2 + X_2{}^2 + X_3{}^2)t^2 - 2(X_1 Y_1 + X_2 Y_2 + X_3 Y_3)t + (Y_1{}^2$$

$$+ Y_2{}^2 + Y_3{}^2) \geqq 0 \qquad\qquad \cdots ⑩$$

여기서 **보는 방법을 바꿔 ⑩식의 좌변을 t 의 2차함수라고 생각
하자**(← 이게 핵심이다). 즉

$$f(t) = (X_1{}^2 + X_2{}^2 + X_3{}^2)t^2 - 2(X_1 Y_1 + X_2 Y_2 + X_3 Y_3)t$$

$$+ (Y_1{}^2 + Y_2{}^2 + Y_3{}^2)$$

이라고 생각하는 것이다. 그러면 ⑩식은 $y = f(t)$ 가 항상 0 이상이
라는 것을 나타낸다.

그래프로 말하면 다음 둘 중의 하나인 상황이다.

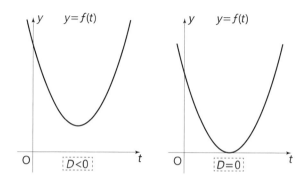

이렇게 되면 조건은 뭐였더라? … 그렇다!

방정식의 판별식 D가

$$D \leq 0$$

$at^2 + bt + c = 0$의 판별식
$D = b^2 - 4ac$

를 만족하는 것이다! ⑩에 의해

$$D = \left\{ 2(X_1 Y_1 + X_2 Y_2 + X_3 Y_3) \right\}^2 - 4(X_1{}^2 + X_2{}^2 + X_3{}^2)(Y_1{}^2 + Y_2{}^2 + Y_3{}^2) \leq 0$$

$$\Leftrightarrow 4(X_1 Y_1 + X_2 Y_2 + X_3 Y_3)^2 - 4(X_1{}^2 + X_2{}^2 + X_3{}^2)(Y_1{}^2 + Y_2{}^2 + Y_3{}^2) \leq 0$$

$$\Leftrightarrow (X_1 Y_1 + X_2 Y_2 + X_3 Y_3)^2 \leq (X_1{}^2 + X_2{}^2 + X_3{}^2)(Y_1{}^2 + Y_2{}^2 + Y_3{}^2)$$

해냈다! ⑧식을 증명할 수 있었다.

남은 것은 앞을 거꾸로 더듬어가는 것뿐이다. ⑧식은 ⑦식과 같은 값이며, ⑦식은 ⑥·⑤식과 같은 값이다. 이상에서

$$-1 \leq r \leq 1 \qquad \cdots ⑪$$

이다! (수고 많았다!)

그런데 ⑨식의 등호(=)가 성립하는 것은 어떤 때일까?

⑨식의 등호가 성립하려면

$$(X_1 t - Y_1)^2 + (X_2 t - Y_2)^2 + (X_3 t - Y_3)^2 = 0$$

$$\boxed{\begin{aligned} A^2 + B^2 + C^2 &= 0 \\ \Leftrightarrow \quad A &= 0 \\ B &= 0 \\ C &= 0 \end{aligned}}$$

이때

$$(X_1 t - Y_1)^2 = 0 \quad (X_2 t - Y_2)^2 = 0 \quad (X_3 t - Y_3)^2 = 0$$

이것에 의해

$$(X_1 t - Y_1)^2 = 0 \Leftrightarrow X_1 t - Y_1 = 0 \Leftrightarrow t = \frac{Y_1}{X_1}$$

$$(X_2 t - Y_2)^2 = 0 \Leftrightarrow X_2 t - Y_2 = 0 \Leftrightarrow t = \frac{Y_2}{X_2}$$

$$(X_3 t - Y_3)^2 = 0 \Leftrightarrow X_3 t - Y_3 = 0 \Leftrightarrow t = \frac{Y_3}{X_3}$$

이다. 즉

$$t = \frac{Y_1}{X_1} = \frac{Y_2}{X_2} = \frac{Y_3}{X_3} \qquad \cdots ⑫$$

가 ⑨식의 등호가 성립하는 조건이 된다. $\frac{Y_1}{X_1}$ 과 $\frac{Y_2}{X_2}$ 와 $\frac{Y_3}{X_3}$ 의 값이 모두 같고, 그것이 t 와 같다는 것은

$$(X_1 t - Y_1)^2 + (X_2 t - Y_2)^2 + (X_3 t - Y_3)^2 = 0 \qquad \cdots ⑬$$

의 **방정식의 해는 하나뿐**이라는 것이다.

한편 ⑬식은 ⑩식과 같이 변형하면

$$(X_1^2 + X_2^2 + X_3^2)t^2 - 2(X_1Y_1 + X_2Y_2 + X_3Y_3)t$$
$$+ (Y_1^2 + Y_2^2 + Y_3^2) = 0 \qquad \cdots ⑭$$

의 2차방정식의 값과 같다. 즉

⑬ 방정식의 해가 하나 ⟺ ⑭ 2차방정식의 해가 하나

이다. 이때 ⑭식의 판별식은 0이 되므로 앞의 계산에서

$$(X_1Y_1 + X_2Y_2 + X_3Y_3)^2 = (X_1^2 + X_2^2 + X_3^2)(Y_1^2 + Y_2^2 + Y_3^2)$$

즉 **⑧식은 등호가 성립**한다.

⑧식의 등호가 성립할 때 ⑥식의 등호도 성립하므로

$$r^2 = 1 \iff r = 1 \ \text{또는} \ {-1}$$

이다. 이상에서 **⑨식의 등호가 성립할 때 ⑪식의 등호도 성립하며,
r은 1이나 −1이 된다**는 것을 알 수 있다.

⑫에서 치환을 원래대로 돌리면 '⑨식의 등호가 성립하는 조건
=⑪식의 등호가 성립하는 조건=r이 1이나 −1이 되는 조건'은

$$t = \frac{y_1 - \bar{y}}{x_1 - \bar{x}} = \frac{y_2 - \bar{y}}{x_2 - \bar{x}} = \frac{y_3 - \bar{y}}{x_3 - \bar{x}} \qquad \cdots ⑮$$

이다. 또한 ⑨식을 일반화하여

$$(X_1t - Y_1)^2 + (X_2t - Y_2)^2 + (X_3t - Y_3)^2 + \cdots + (X_nt - Y_n)^2 \geqq 0$$

이라고 부등식을 사용하면 위와 완전히 똑같이 하여

$$(X_1Y_1 + X_2Y_2 + X_3Y_3 + \cdots + X_nY_n)^2 \leqq$$

$$(X_1^2 + X_2^2 + X_3^2 + \cdots + X_n^2)(Y_1^2 + Y_2^2 + Y_3^2 + \cdots + Y_n^2) \quad \cdots ⑯$$

을 보일 수 있다.

등호가 성립하는 것은

$$\frac{Y_1}{X_1} = \frac{Y_2}{X_2} = \frac{Y_3}{X_3} = \cdots = \frac{Y_n}{X_n} \qquad \cdots ⑰$$

일 때다.

⑯식은 이른바 **코시 슈바르츠 부등식**(Cauchy-Schwarz's Inequality)이라고 불리는 부등식의 일반형(n으로 나타낸 식)이다.

주) $n = 2$나 $n = 3$인 경우의 코시 슈바르츠 부등식은 고교 수학에도 등장한다.

⑯식을 사용하면 $n = 3$인 경우와 마찬가지로 일반적인 경우에도 상관계수 r이 $-1 \leqq r \leqq 1$이 되는 것을 끌어낼 수 있다(반드시 확인해보자!).

13
상관계수의 '직관적' 이해

이제 어려운 식 변형은 끝났다. 상관계수 r 이 1이나 -1에 가까울 때 '강한 상관관계가 있다'라고 말할 수 있는 이유는 그래프(산포도)를 사용하여 직관적으로 이해하기 바란다.

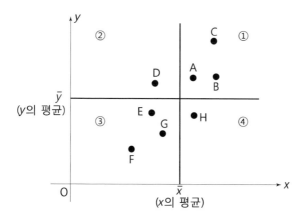

위 그림에서 $\bar{x}$, $\bar{y}$는 각각 x와 y의 평균을 나타낸다. 예를 들면 점 A의 데이터는 x값도 y값도 평균을 웃돌고 있으므로

$$x - \bar{x} > 0, \quad y - \bar{y} > 0$$

가 되어 $(x - \bar{x})(y - \bar{y})$는 **양수끼리의 곱셈으로 양수 값**이 된다. ①
의 영역에 있는 B나 C도 똑같으므로 A~C의 세 점에 대해서는

$$(x - \bar{x})(y - \bar{y}) > 0$$

이다. 한편 ②의 영역에 포함되는 D는 x 값은 평균을 밑돌고 y 값은
평균을 웃돌고 있으므로

$$x - \bar{x} < 0, \quad y - \bar{y} > 0$$

가 되어 $(x - \bar{x})(y - \bar{y})$는 **음수와 양수의 곱셈으로 음수 값**이 된다.
즉 ②의 영역에 포함되는 점에 대해서는

$$(x - \bar{x})(y - \bar{y}) < 0$$

이다. ③이나 ④의 영역도 마찬가지로 생각하면 ③에 있는 E~G는

$$x - \bar{x} < 0, \; y - \bar{y} < 0 \; \Rightarrow \; (x - \bar{x})(y - \bar{y}) > 0$$

이며 ④에 있는 H는

$$x - \bar{x} > 0, \; y - \bar{y} < 0 \; \Rightarrow \; (x - \bar{x})(y - \bar{y}) < 0$$

이다. 정리하면 다음과 같다.

A~C, E~G의 6점: $(x - \bar{x})(y - \bar{y})$　　양수

D와 H의 2점: $(x - \bar{x})(y - \bar{y})$　　　음수

이들 합계 8개의 점에 대해 $(x-\bar{x})(y-\bar{y})$의 합을 생각하면 어떻게 될까? 그렇다. 양수가 많으므로 합도 양수 값이 될 듯하다(일반적으로 산포도가 우상향일 경우 D나 H와 같은 ②나 ④의 영역에 있는 점은 특별히 도드라진 값이 아닌 이상 전체의 합이 음수가 되는 일은 없다).

산포도를 2개 변량의 평균에 대해 4개의 영역으로 나누면

①이나 ③ 영역의 데이터: $(x-\bar{x})(y-\bar{y})$ 양수

②나 ④ 영역의 데이터: $(x-\bar{x})(y-\bar{y})$ 음수

가 된다. 이때 공분산 c_{xy}는 $(x-\bar{x})(y-\bar{y})$의 합을 n으로 나눈 수이므로 데이터가 ①이나 ③의 영역에 많이 분포하고 있는(**양의 상관관계가 있는**) 경우 공분산 c_{xy}는 양수 값이 된다. 반대로 데이터가 ②나 ④의 영역에 많이 분포하고 있는(**음의 상관관계가 있는**) 경우 c_{xy}는 음수 값이 된다. 또한 데이터가 ①~④의 영역에 골고루 분포하고 있는(**상관관계가 없는**) 경우는 양수 값과 음수 값이 서로 지워져서 c_{xy}는 0에 가까운 값이 된다.

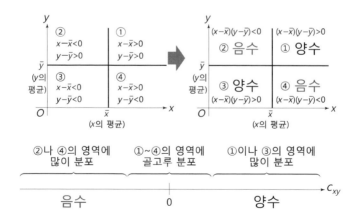

오카다 교수

공분산은 '평균과 각 데이터의 점이 만드는 직사각형의, 부호가 붙은 면적'의 평균이라고 생각하면 알기 쉬울 것이다. 예를 들어 (x, y)가 ①의 영역에 있을 때 $(x-\bar{x})(y-\bar{y})$는 다음 그림의 직사각형 면적이다.

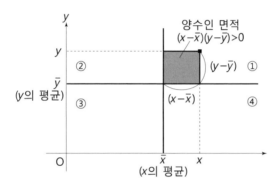

(x, y)가 ②의 영역에 있을 때는 어떨까?

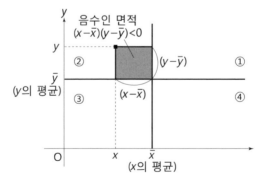

$(x-\bar{x})(y-\bar{y})$는 음수 값이 되는데 '음수인 면적'이라는 것을 인정하기로 하면 (x, y)가 ②에 있을 때도 $(x-\bar{x})(y-\bar{y})$는 앞 페이지 하단 그림의 직사각형 면적(단 값은 음수)을 나타낸다고 해석할 수 있다.

똑같이 생각하면

(x, y)가 ③에 있을 때 $(x-\bar{x})(y-\bar{y})$는 양수인 면적

(x, y)가 ④에 있을 때 $(x-\bar{x})(y-\bar{y})$는 음수인 면적

을 나타낸다.

결국 n개의 (x, y)에 대해 $(x-\bar{x})(y-\bar{y})$를 더해서 그것을 n으로 나눈 수인 공분산 c_{xy}는 부호가 붙은 면적의 평균이라고 생각할 수 있는 것이다.

다시 한 번 상관계수 r의 정의식을 써본다.

$$r = \frac{c_{xy}}{s_x \cdot s_y}$$

여기서 분모인 x와 y의 표준편차 s_x, s_y는 $(x-\bar{x})^2$이나 $(y-\bar{y})^2$을 순차적으로 더한 것을 n으로 나누어 $\sqrt{}$를 씌운 것이므로 음수가 될 일은 없는 수다. 한편 분자인 공분산 c_{xy}는 $(x-\bar{x})$와 $(y-\bar{y})$의 합을 더한 것을 n으로 나눈 수이므로 (지금 보았듯이) 음수 또는 양수가 될 수 있다. r의 분모는 항상 양수이므로 분자의 공분산 c_{xy}의 값이 커지면 r의 값도 커질 것임을 예상할 수 있다.

여기서 '아니, c_{xy}가 커지면 s_x나 s_y도 커질지도 모르잖아요!'
라고 말하는 독자가 있을지도 모르겠다. 그래서 x와 y 각각의
표준편차 s_x와 s_y는 바뀌지 않고(즉 x와 y 각각의 분포 상태는 변하지
않고) c_{xy}만을 변화시킬 수 있을지 없을지를 살펴보자.

x와 y의 분포 상태는 같다 해도…

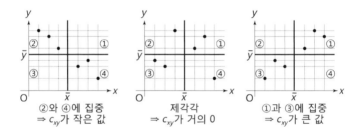

②와 ④에 집중
⇒ c_{xy}가 작은 값

제각각
⇒ c_{xy}가 거의 0

①과 ③에 집중
⇒ c_{xy}가 큰 값

이 3가지 산포도에서는 모두 각 점에서 x축이나 y축으로 내린
수선의 발의 위치가 달라지지 않았음을 알겠는가? 즉 이들 3개의
산포도에서 x와 y의 분포 상태는 같다(s_x와 s_y는 일정). 하지만 3개
의 산포도는 전혀 다르다.

이것으로 상관계수의 분모 $s_x \cdot s_y$는 일정하더라도 x와 y의 관
계에 따라 분자인 c_{xy}만이 커지거나 작아짐을 알게 되었을 것이다.

자, 앞에서 우리는 상당히 번거로운 계산을 하여 상관계수 r이

$$-1 \leqq r \leqq 1$$

를 만족한다는 것을 나타냈다. 앞에서 보았듯이 산포도에서 '**강한 양의 상관관계가 있다**'고 판단 가능한 경우는 ①과 ③의 영역에 데이터가 집중되어 있을 때다. 이 경우 c_{xy}는 큰 값이 되어 상관계수 r도 최댓값인 1에 가까워진다. 한편 '**강한 음의 상관관계가 있다**'고 판단 가능한 ②와 ④에 집중되어 있는 경우는 c_{xy}는 작은 값(절댓값이 큰 음수 값)이 되어 상관계수 r은 최솟값인 -1에 가까워진다. 또한 '**거의 상관관계가 없는**' 경우에는 ①~④의 영역에 데이터가 골고루 분포하고 있어 c_{xy}가 0에 가까운 값이 되며 이에 따라 상관계수 r도 0에 가까운 값이 된다.

이상을 그림으로 정리해보자.

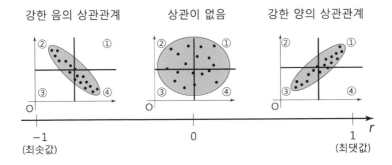

상관계수가 최댓값이나 최솟값을 가질 때

그런데 상관계수의 부등식 '$-1 \leqq r \leqq 1$'로 등호(=)가 성립하는 것은 어떤 때였던가? $n = 3$명인 경우는 ⑮식(197쪽)이 성립할 때였다. 일반적으로는 다음과 같이 된다.

$$\frac{y_1 - \bar{y}}{x_1 - \bar{x}} = \frac{y_2 - \bar{y}}{x_2 - \bar{x}} = \frac{y_3 - \bar{y}}{x_3 - \bar{x}} = \cdots = \frac{y_n - \bar{y}}{x_n - \bar{x}} \qquad \cdots ⑱$$

⑱식은 문자 $k\,(k = 1,\ 2,\ 3,\ \ldots,\ n)$를 사용하면

$$\frac{y_k - \bar{y}}{x_k - \bar{x}} = a \quad [a\text{는 정수}]$$

라고 쓸 수 있다. 이것에 의해

$$y_k - \bar{y} = a(x_k - \bar{x})$$

$$\Rightarrow y_k = a(x_k - \bar{x}) + \bar{y} \qquad \cdots ⑲$$

이다. ⑲식은 n개의 점

$$(x_1,\ y_1),\ (x_2,\ y_2),\ (x_3,\ y_3),\ \ldots,\ (x_n,\ y_n)$$

이 모두

> $y_k = f(x_k)$가 성립
> $\Leftrightarrow$ 점$(x_k,\ y_k)$가
> $y = f(x)$ 위에 있다

$$y = a(x - \bar{x}) + \bar{y} \qquad \cdots ⑳$$

로 나타내어진 그래프상에 있음을 나타낸다(120쪽).

　⑳식은 어떤 그래프일까? 기울기가 a에서 점 $(\bar{x},\ \bar{y})$를 통과하는 직선이다. 즉 상관계수 r이 최댓값인 1이나 최솟값인 -1이 되는 것은 산포도에서 모든 데이터가 점 $(\bar{x},\ \bar{y})$를 통과하는 직선상에 있

을 때라는 것을 알 수 있다.

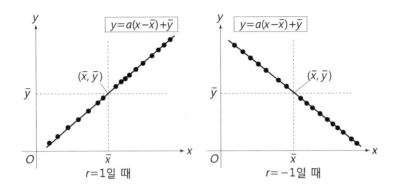

이번 장은 1, 2장에 비해 어렵게 느낀 사람이 많았을 것이다. 상관계수가 그만큼 어려운 개념을 포함하고 있기 때문이다. 통계 기술을 배우려는 사람이 많아지면서 상관계수를 아는 사람은 늘었지만, 상관계수의 최댓값이 1이고 최솟값은 −1인 이유를 이해하는 이는 거의 없다. 하지만 '**이유는 모르지만 아무튼 적용하면 결과가 나온다**'는 것만 알고 있어서는 업무상의 중요한 안건에 상관계수를 사용하는 게 불안할 것이다. 물론 그 결과에 대해서도 심도 깊게 논의하지 못할 것이다.

수학은, 그리고 통계는 방법만 알고 있으면 언젠가 반드시 한계에 부딪힌다. 그 점이 전략서의 지침대로 어둠을 뚫고 나가기만 하면 반드시 깰 수 있는 게임과는 다른 부분이다. 이번 장의 내용을 잘 모르겠는 사람은 진도를 나가기 전에 반드시 다시 한 번 읽어 보자.

4장

흩어져 있는 데이터 분석을 위한 수학

이번 장에서는 띄엄띄엄 있는 값을 갖는 '흩어져 있는 데이터(이산형 데이터)'의 통계 분석에 필요한 수학을 배워보자. 공부해야 할 기둥은 2개로 하나는 **확률**이고, 다른 하나는 Σ(시그마) **기호**다.

정통(?) 통계 책에는 대부분 '확률·통계'라는 제목이 붙어 있다. 왜 '통계'와 '확률'은 세트일까? 원래 **통계의 목표는** (대략적으로 말하면) **세계의 '우연' 안의 법칙성을 찾아내고, 그 법칙성을 사용해 부분에서 전체를 추측하는 것**이다. 이 추측에 확률 지식이 반드시 필요하다.

예를 들어 당신이 시험공부를 하나도 하지 않고 4지선다형 문제를 풀어서 50점 이상을 받았다고 하자. 과연 이것은 '상당한 행운'일까 아니면 '흔히 있는 일'일까? **확률**은 그 답을 가르쳐준다. 확률을 배우려면 **순열**이나 **조합**이라는 경우의 수나 **집합**을 알아야 한다. 또한 통계의 **이항분포**와 연관된 **이항계수**(정리)나 **반복시행**도 배운다.

Σ **기호**에 대해서는 어렵다는 이미지를 갖고 있는 사람이 많은 듯하다. 하지만 제각각인 값을 가진 수의 합을 계산할 때 (익숙해지면) 아주 편리하게 사용할 수 있는 기호이며, 이 책을 끝내고 통계 공부를 좀 더 심도 깊게 할 때 반드시 필요하므로 과감하게 도전해보자. 이산형 데이터의 대표라고도 할 수 있는 **등차수열**이나 **등비**

수열도 다루겠다.

이번 장도 앞장 못지않게 분량이 상당하다. 서두르지 말고 찬찬히 공부해보자.

먼저 확률 부분의 흐름도와 통계의 연관성을 도표로 알아보자.

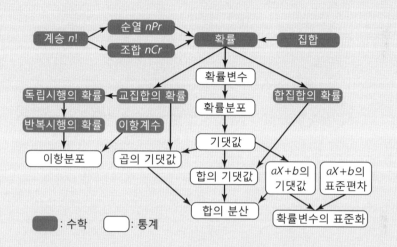

상당히 복잡하게 얽혀 있지만 이번 장의 최종 목표는 '**이항분포**', '**합의 분산**', '**확률변수의 표준화**'라는 3가지를 확실하게 이해하는 것이다. 먼저 계승(階乘)부터 시작해보자!

01
계승

'**계승**(階乘, factorial)'이란 단계를 내려가듯이 숫자를 하나씩 줄여가면서 곱해가는 계산을 말한다. 기호는 느낌표인 '!(팩토리얼이라고 읽는다)'을 사용한다.

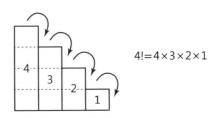

$$4! = 4 \times 3 \times 2 \times 1$$

예를 들어 '5!'는

$$5! = 5 \times 4 \times 3 \times 2 \times 1 = 120$$

이다. 일반적으로 자연수 (양수인 정수) n에 대해 $n!$은 다음과 같이 정의된다.

$n!$ (n의 계승)의 정의

$$n! = n \times (n-1) \times (n-2) \times \cdots \times 3 \times 2 \times 1$$

그러면 이제 '경우의 수'를 알아보자. 중요한 점은 순서를 고려해야 하는지, 고려하지 않아도 되는지를 확정하는 것이다. 순서를 고려하는 경우의 수를 **순열**(順列), 아닌 경우의 수를 **조합**(組合)이라고 한다.

02
순열

A, B, C, D, E의 5명으로 이루어진 위원회가 있다. 이중에서 위원장, 부위원장, 회계의 3명을 선택한다고 하자. 이때 우리는 선택 순서를 생각해볼 필요가 있다. 위원장 A, 부위원장 B, 회계 C라고 하는 경우와 위원장 C, 부위원장 A, 회계 B로 하는 경우는 위원회

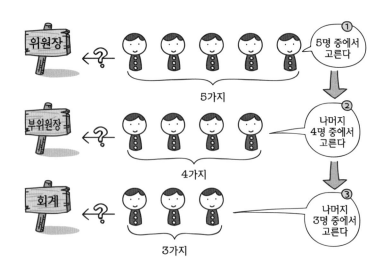

분위기가 전혀 달라질 것이다.

그럼 3명의 선택방법은 앞의 그림처럼 된다.

위원장 → 부위원장 → 회계 순으로 선택하기로 하면 위원장은 A~E의 5명 중에서 뽑게 되니 5가지, 부위원장은 위원장 빼고 나머지 4명 중에서 선출하므로 4가지, 회계는 나머지 3명 중에서 선출하므로 3가지다. 따라서 경우의 수는 다음처럼 계산할 수 있다.

$$5 \times 4 \times 3 = 60 \ [\text{가지}]$$

이와 같이 순서를 고려하는 경우의 수를 **순열**이라고 한다. 서로 다른 5가지에서 순서를 고려해 3가지를 고르는 경우의 수는 순열 '**퍼뮤테이션**(permutation)'의 머리글자를 따서 $_5P_3$이라고 한다. 즉

$$_5P_3 = 5 \times 4 \times 3 = 60$$

인 것이다. 이것은

$$_5P_3 = 5 \times 4 \times 3 = \frac{5 \times 4 \times 3 \times 2 \times 1}{2 \times 1} = \frac{5!}{2!} = \frac{5!}{(5-3)!}$$

로 계승을 사용해 나타낼 수 있다. 일반적으로 다음과 같이 쓴다.

순열(서로 다른 n개에서 r개를 선택하는 순열)의 일반식

$$_nP_r = \underbrace{n \times (n-1) \times \cdots \times (n-r+1)}_{r \text{개의 곱}} = \frac{n!}{(n-r)!}$$

오!

'$_nP_r = n \times (n-1) \times \cdots \times (n-r+1)$'에 있어서 $r = n$일 때를 생각하면

$$_nP_n = n \times (n-1) \times \cdots \times (n-n+1)$$
$$= n \times (n-1) \times \cdots \times 1$$
$$= n!$$

인데 '$_nP_r = \dfrac{n!}{(n-r)!}$'에서 $r = n$일 때를 생각하면

$$_nP_n = \frac{n!}{(n-n)!} = \frac{n!}{0!}$$

이 된다. 즉

$$(_nP_n =)n! = \frac{n!}{0!}$$

이 된다.

'0!'은 계승의 정의에서 보면 있을 수 없는 수 같지만 '0!'에 대해 **특별히 다음과 같이 정한 약속**이 있다.

0!의 정의

$$0! = 1$$

주〉 '0! = 0'이 아니다. 이처럼 특별히 정해둔 것은 $_nP_n$만을 예외로 취급하는 번거로움을 피하기 위해서라고 이해하자.

예제 4-1 다음 문제를 풀어보라.

(1) $_7P_3$의 값을 구하라.

(2) A~E의 5명이 유도 단체전에 출전한다. 선봉, 차봉, 중견, 부장, 대장을 정하는 방식은 몇 가지가 있는가?

(3) 0~5까지 6개의 수에서 서로 다른 3개의 수를 골라 세 자릿수를 만드는 경우, 300 이상의 수는 몇 개가 있는가?

해답

(1) 순열의 일반식에 대입하면 된다.

$$_7P_3 = 7 \times 6 \times 5 = 210$$

(2) 선봉을 결정하는 방식은 5가지, 차봉은 선봉 이외의 4가지, … 이렇게 생각해가면 되므로 5명 중에서 5명을 선택하는 순열이다.

$$_5P_5 = 5 \times 4 \times 3 \times 2 \times 1 (= 5!) = 120\,[가지]$$

(3) 백의 자리는 3, 4, 5 중의 하나이므로 3가지, 십의 자리는 6개의 수 중에서 백의 자리에 사용한 수 이외의 5가지, 1의 자리는 백과 십의 자리에 사용한 수 이외이므로 4가지.

$$0 , 1 , 2 , 3 , 4 , 5$$

$$3 \times 5 \times 4 (= 3 \times {}_5P_2) = 60 \,[가지]$$

주) P나 '!'을 무리해서 사용할 필요는 없다.

03
조합

아래 그림과 같이 오각형 ABCDE의 5개 꼭짓점에서 3개의 꼭짓점을 골라 삼각형을 만드는 경우를 생각해보자.

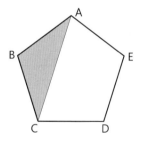

A→B→C 순으로 선택해도 C→B→A 순으로 선택해도 삼각형 ABC를 만들 수 있다는 점에서는 마찬가지다. **선택 순서를 생각할 필요가 없다.** 이처럼 순서를 고려하지 않고 선택하는 경우의 수를 **조합**이라고 한다.

앞의 순열과 비교해보자. 다음 쪽의 비교 도표와 같이 A, B, C의

3개로 만들 수 있는 순열은 6가지가 있지만 조합은 (A, B, C) 1가지다. 물론 C, D, E의 3가지를 선택하는 경우도 마찬가지다. **순열에서는 6가지였던 것이 조합에서는 1가지가 된다.**

> **주〉** 우리가 뭔가를 선택할 때 순서는 고려하지 않는 일이 많은 것 같다. 더블아이스크림 맛을 고를 때, 여행에 가져갈 책의 권수를 정할 때, 뷔페에서 요리를 집을 때… 이들 경우의 수는 대개 '조합'으로 구할 수 있다.

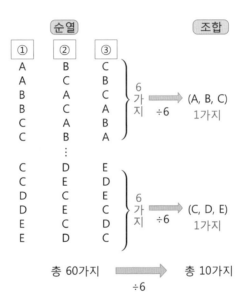

조합의 총수는 앞에서 구한 **5개에서 3개를 선택하는 순열($_5P_3$)을 6으로 나눠주면 될 듯하다.** 참고로 '6'이라는 숫자는 위 그림 ①·②·③의 상자 배치를 바꾸는 순열에서

$$_3P_3 = 3 \times 2 \times 1 = 3! = 6 \,[가지]$$

로 계산할 수 있다. 조합으로는 ①·②·③의 상자 배열을 바꾼 만큼 중복한다는 것이다.

서로 다른 5가지에서 순서를 고려하지 않고 3가지를 선택하는 경우의 수는 조합 'combination'의 머리글자를 따서 $_5C_3$이라고 나타내므로 오각형 ABCDE의 5가지 꼭짓점에서 3개의 꼭짓점을 선택하여 삼각형을 만드는 경우의 수는

$$_5C_3 = \frac{_5P_3}{3!} = \frac{5 \times 4 \times 3}{3 \times 2 \times 1} = 10 \,[가지]$$

가 된다. 이것도 일반화시켜두자.

조합(서로 다른 n개에서 r개를 고르는 조합)의 일반식

$$_nC_r = \frac{_nP_r}{r!} = \frac{n \times (n-1) \times (n-2) \times \cdots \times (n-r+1)}{r \times (r-1) \times (r-2) \times \cdots \times 1}$$

$_nC_r$의 주의점

앞에서 5개의 꼭짓점에서 3개의 꼭짓점을 고르는 경우의 수를

$$_5C_3 = 10$$

이라고 구했는데, 생각해보면 'A, B, C 3개의 꼭짓점을 선택한다'와 'D, E 2개의 꼭짓점을 선택하지 않는다'는 같다. 즉

'5개의 꼭짓점에서 3개의 꼭짓점을 선택한 경우의 수'

='5개의 꼭짓점에서 나머지(선택하지 않은) 2개의 꼭짓점을 선택한 경우의 수'

이다. 실제

$$_5C_2 = \frac{_5P_2}{2!} = \frac{5 \times 4}{2 \times 1} = 10 \,[가지]$$

라고 계산할 수 있으므로

$$_5C_3 = {}_5C_2$$

이다. 이상을 일반화하면 다음과 같이 쓸 수 있다.

$$_nC_r = {}_nC_{n-r}$$

이것을 사용하면 $_{100}C_{98}$ 과 같은 번거로운 계산도

$$_{100}C_{98} = {}_{100}C_2 = \frac{100 \times 99}{2 \times 1} = 4950$$

이라고 간략화할 수 있다.

또한 '$_nC_r = {}_nC_{n-r}$', $r = 0$일 때를 생각하면

$$_nC_0 = {}_nC_{n-0} = {}_nC_n = \frac{_nP_n}{n!} = \frac{n \times (n-1) \times (n-2) \times \cdots \times 1}{n \times (n-1) \times (n-2) \times \cdots \times 1} = 1$$

이 된다.

$$_nC_0 = {_nC_n} = 1$$

예제 4-2 다음 문제를 풀어보라.

(1) $_7C_3$의 값을 구하라.

(2) A~F의 6명을 3명, 2명, 1명으로 나누는 방법은 몇 가지가 되는지를 구하라.

(3) 아래 그림에서 A부터 B까지 멀리 돌아가지 않고 가는 경로(최단경로)는 몇 개가 있는지 구하라.

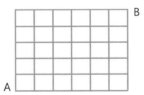

해답

(1) 조합의 일반식에서

$$_7C_3 = \frac{_7P_3}{3!} = \frac{7 \times 6 \times 5}{3 \times 2 \times 1} = 35$$

(2) 다음과 같이 생각한다.

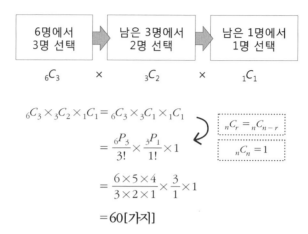

$$_6C_3 \times {_3C_2} \times {_1C_1} = {_6C_3} \times {_3C_1} \times {_1C_1}$$

$$= \frac{_6P_3}{3!} \times \frac{_3P_1}{1!} \times 1$$

$$_nC_r = {_nC_{n-r}}$$
$$_nC_n = 1$$

$$= \frac{6 \times 5 \times 4}{3 \times 2 \times 1} \times \frac{3}{1} \times 1$$

$$= 60[가지]$$

(3) '최단경로'란 왼쪽으로 가거나 아래로 가지 않고 오른쪽(→), 위(↑)로만 간다는 것이다. 이 문제의 경우는 A에서 시작해 오른쪽(→)으로 6회, 위쪽(↑)으로 5회 가면 B에 도착한다. 예를 들어

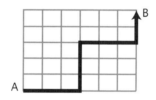

라는 경로는

$$\rightarrow \rightarrow \rightarrow \uparrow \uparrow \uparrow \rightarrow \rightarrow \rightarrow \uparrow \uparrow$$

이므로 최단경로의 총수는

$$\rightarrow \rightarrow \rightarrow \rightarrow \rightarrow \rightarrow \uparrow \uparrow \uparrow \uparrow \uparrow$$

로 바꿔서 배치하는 경우의 수와 일치한다. 이것은 이른바 '같은 것을 포함하는 순열'인데 다음과 같이 생각하면 $_nC_r$을 사용하여 계산할 수 있

다. 먼저 화살표 수만큼(11개)의 상자를 준비한다. 이 11개의 상자에서 '↑'가 들어가는 상자를 5개 선택하자.

11개의 상자

↑가 들어간 상자를 5개 선택

$_{11}C_5$

나머지 6개의 상자에는 자동적으로 →가 들어간다. 11개의 상자에서 5개의 상자를 선택하는 경우의 수($_{11}C_5$)는

$$\rightarrow \rightarrow \rightarrow \rightarrow \rightarrow \rightarrow \uparrow \uparrow \uparrow \uparrow \uparrow$$

로 바꿔서 배치하는 경우의 수와 일치한다.
이상에서 구하는 최단경로의 수는

$$_{11}C_5 = \frac{_{11}P_5}{5!} = \frac{11 \times 10 \times 9 \times 8 \times 7}{5 \times 4 \times 3 \times 2 \times 1} = 462[가지]$$

라고 구할 수 있다.

이제 통계에서 매우 중요한 '이항정리'를 배운다. 이항정리는 대학 수험생이 잘 잊어버리는 정리 워스트 셋 중 하나다(나가노수학학원 조사). 확실히 마지막 일반식이 복잡한 모양이므로 무리도 아니지만 과정을 이해하면 어렵지 않다. 먼저 구체적인 예로 이미지를 그려보자.

04
이항계수

$$(a+b)^3 = a^3 + 3a^2b + 3ab^2 + b^3$$

이라는 전개공식의 '$3a^2b$'의 항을 생각해보자. 이 식 자체는

$$(a+b)^3 = (a+b)(a+b)^2$$
$$= (a+b)(a^2 + 2ab + b^2)$$
$$= a^3 + a^2b + 2a^2b + 2ab^2 + ab^2 + b^3$$
$$= a^3 + 3a^2b + 3ab^2 + b^3$$

으로 전개하여 계산할 수도 있지만, 여기서는 일부러 'a^2b'의 계수가 '3'이 되는 이유를 '경우의 수'로 생각해보자.

'$(a+b)^3$'이란 다음과 같이 $(a+b)$를 세 번 곱한 것이다.

$$(a+b)^3 = (a+b) \times (a+b) \times (a+b)$$

이렇게 생각하면 'a^2b'의 항을 만들 수 있는 것은

a^2b를 만드는 방법

$$(a+b) \times (a+b) \times (a+b)$$

3가지 $\left\{ \begin{matrix} a & a & b \\ a & b & a \\ b & a & a \end{matrix} \right.$

오른쪽 끝 괄호의 b와 나머지 2개 괄호의 a를 곱한다

한가운데 괄호의 b와 나머지 2개 괄호의 a를 곱한다

왼쪽 끝 괄호의 b와 나머지 2개 괄호의 a를 곱한다

이 경우뿐이다. 이상에서 'a^2b'의 계수가 '3'인 이유는 **3가지 괄호에서 b를 끌어내는 괄호를 1가지 고르는 경우의 수가 '3'이기 때문**이라고 생각할 수 있다.

> 주) '3개의 괄호에서 a를 끌어내는 괄호를 2개 고른다'라고 생각해도 되지만 이항정리에서는 대개 b에 주목한다.

3개에서 1개를 고른다는 것은 (이 경우 순서는 고려하지 않아도 되니까) ⋯ 그렇다, '**조합**'이다! 즉 이 '3'은

$$3 = {}_3C_1$$

이라고 쓸 수도 있다. 즉

$$(a+b)^3 의 \ a^2b 의 \ 계수는 \ {}_3C_1$$

인 것이다! 그러면 $(a+b)^{10}$의 a^7b^3의 계수는 무엇일까? 10개의 괄호 중에서 b를 끌어내는 괄호를 3개 선택하면 되므로… $_{10}C_3$이다!

이상을 일반화해두자.

이항계수

$$(a+b)^n 의 \ a^{n-k}b^k 의 \ 계수는 \ _nC_k$$

이항계수는 통계에서 '이항분포'를 이해하려면 꼭 알아야 한다.

$_nC_k$는 '서로 다른 n개에서 k개를 고르는 조합인 경우의 수'인데 이항식 $[(a+b)^n$과 같이 2개의 항(a와 b)으로 이루어진 식]의 전개식의 계수로 나타나므로 **이항계수**(binomial coefficient)라고 불린다. 이항계수를 사용하면 $(a+b)^n$은 다음처럼 전개할 수 있다.

이항정리

$$(a+b)^n =$$
$$_nC_0a^n + {}_nC_1a^{n-1}b + {}_nC_2a^{n-2}b^2 + \cdots + {}_nC_ka^{n-k}b^k + \cdots {}_nC_nb^n$$

$(x - 2y)^8$의 x^3y^5의 계수를 구하라.

해설

$$(x - 2y)^8 = \{x + (-2y)\}^8$$

이라고 생각한다. 이항계수를 생각하면 $x^3(-2y)^5$의 계수는 ${}_8C_5$이므로

$$\begin{aligned}
{}_8C_5 x^3(-2y)^5 &= {}_8C_3 x^3(-2)^5 y^5 \\
&= -32 \, {}_8C_3 x^3 y^5 \\
&= -32 \times \frac{{}_8P_3}{3!} \times x^3 y^5 \\
&= -32 \times \frac{8 \times 7 \times 6}{3 \times 2 \times 1} \times x^3 y^5 \\
&= -1792 x^3 y^5
\end{aligned}$$

$$\boxed{{}_nC_r = {}_nC_{n-r}}$$

따라서 구하는 계수는 '-1792'.

05
집합

　'24의 양수인 약수(24로 나누어떨어지는 양수)', '○○고등학교 2년 1반 학생' 등 범위가 확실한 것의 모음을 **집합**(set)이라고 하고, 집합에 포함되어 있는 하나하나를 그 집합의 **원소**(element)라고 한다. '작은 수', '맛있는 것' 등 범위가 확실하지 않은 것은 집합이 아니다.

　'3'은 '24의 양수인 약수'라는 집합의 원소가 되는 것이다. 집합을 나타내는 방법에는 크게 **원소를 일일이 나열하는 방법**과 **원소가 만족하는 조건을 쓰는 방법**의 2가지가 있다.

　'24의 양수인 약수'의 집합을 A라고 할 때 원소 나열법은

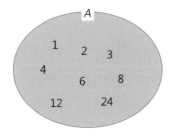

$$A = \{1,\ 2,\ 3,\ 4,\ 6,\ 8,\ 12,\ 24\}$$

와 같이 나타내고, 원소가 만족하는 조건을 나타내는 방법으로는

$$A = \{x \mid x는\ 24의\ 양수인\ 약수\}$$

와 같이 쓴다. 모두 중괄호 { } 를 사용하는 것이 일반적이다.

> 주〉 '원소를 만족하는 조건을 나타내는 방법'의 x 는 '원소의 대표'라는 의미다(문자는 x 가 아니어도 된다). 또한 조건을 쓰는 방법에도 특별히 정해진 것은 없다.

또한

$$A = \{1,\ 2,\ 3,\ 4,\ 6,\ 8,\ 12,\ 24\}$$
$$B = \{6,\ 8,\ 24\}$$

라고 하면 그림으로는 이렇게 표현할 수 있다.

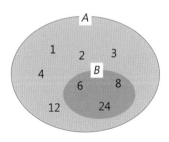

집합 B 의 원소는 모두 집합 A 의 원소다. 이처럼 집합 B 가 집합 A 에 완전히 포함될 때, B 는 A 의 **부분집합**이라고 하고

$$B \subset A$$

라는 기호로 나타낸다.

경우의 수와 집합의 복습이 끝났으니 확률 이야기로 들어가자.

06
확률

'주사위를 던졌을 때 짝수인 눈이 나올 확률을 구하라.'

이 정도 확률은 고등교육을 받은 사람이라면 쉽게 알 수 있다. 주사위에서 나오는 눈은 1~6의 6가지이며 그중 짝수는 2, 4, 6의 3가지이므로 다음과 같다.

$$짝수인 눈이 나올 확률 = \frac{3}{6} = \frac{1}{2}$$

수학에서는 위의 문제에서 '주사위를 던진다'는 행위를 **시행**, 주사위에서 나오는 눈의 모두(1~6)를 **표본공간**, '짝수인 눈(2, 4, 6)이 나오는 것'을 **사건**이라고 한다.

간단한 걸 일부러 어렵게 이야기하지 말라는 불평이 들리는 듯하지만 용어를 정확히 하는 것이야말로 모든 논쟁이나 사고의 기본이다. 또 정통(?) 통계 책에 반드시 등장하는 용어이므로 이 책을 다 읽은 후의 공부를 쉽게 하기 위해서도 간단한 문제를 통해 의미를 확실히 파악해두자. 각 용어의 정의는 다음과 같다.

시행(trial): 몇 번이고 반복할 수 있으며, 심지어 그 결과가 우연에 좌우되는 행위

예) 주사위 던지기, 동전 던지기

표본공간(sample space): 어떤 시행을 했을 때 일어날 수 있는 모든 결과를 모은 집합

예) 주사위를 던지는 시행의 표본공간은 {1, 2, 3, 4, 5, 6}

　　동전을 던지는 시행의 표본공간은 {앞, 뒤}

사건(event): 표본공간의 일부(표본공간의 부분집합)

예) '짝수인 눈이 나온다'는 주사위를 던진다는 시행의 하나

　　'앞면이 나온다'는 동전을 던진다는 시행의 하나

이 용어들을 사용하면 확률은 다음과 같이 정의된다.

확률

어떤 시행의 표본공간 $U = \{e_1, e_2, ..., e_n\}$ 에 있어서 $e_1, e_2, ..., e_n$ 의 어떤 것이 발생할 가능성이 같다는 전제가 성립하고, 또한 사건 E에 포함되는 요소의 수가 m일 때

$$P(E) = \frac{m}{n}$$

을 사건 E의 확률이라고 한다.

[$P(E)$는 'Probability(확률) of E'의 약자]

위의 정의는 다음과 같이 쓸 수 있다.

$$P(E) = \frac{m}{n} = \frac{\text{사건 } E\text{에 포함되는 원소의 수}}{\text{표본공간 } U\text{에 포함되는 원소의 수}}$$

$$= \frac{\text{사건 } E\text{가 일어나는 경우의 수}}{\text{일어날 수 있는 모든 경우의 수}}$$

표본공간 U에 포함된 원소의 수('모든' 경우의 수)를 n, 사건 E에 포함되는 원소의 수('부분'인 경우의 수)를 m이라고 하면 '$0 \leq m \leq n$' 임은 명백하므로

$$0 \leq \frac{m}{n} \leq 1 \implies 0 \leq P(E) \leq 1$$

가 된다. 또한 확률을 구하려 할 때 표본공간에 포함되는 각각의 원소가 **마찬가지로 발생 가능성이 같다는 것을 전제로 하는** 것은 매우 중요하다.

예를 들어 내일 날씨에 대해 표본공간 U를

$$U = \{\text{맑음, 흐림, 비, 눈}\}$$

이라고 하고, 사건 E를

$$E = \{\text{눈}\}$$

이라고 하면, 표본공간 U에 포함되는 원소는 4개, 사건 E에 포함되는 원소는 1개이므로 내일 날씨가 눈이 되는 확률 $P(E)$는

$$P(E) = \frac{1}{4}$$

이 되어 명백하게 이상한 결과가 나오고 만다. 말할 것도 없지만 내일 날씨가 맑을지 흐릴지 비일지 눈일지는 각각 일어날 확률이 같지 않으므로 이런 식으로 확률을 계산하는 것은 난센스다.

예제 4-4 다음 문제를 풀어보라.

(1) 검은 공 4개와 흰 공 2개가 들어 있는 주머니에서 동시에 2개의 공을 꺼낼 때 2개 모두 검은 공이 나올 확률을 구하라.

(2) 2개의 주사위를 동시에 던질 때, 나오는 눈의 합이 9가 될 확률을 구하라.

해설

(1)

2개 모두 검은 공을 꺼내는 방법 $= {}_4C_2$

모든 공을 꺼내는 방법$= {}_6C_2$

전부 6개의 공이 있으므로 공을 2개 꺼내는 경우의 수는

$$_6C_2 = \frac{_6P_2}{2!} = \frac{6 \times 5}{2 \times 1} = 15 \,[가지]$$

4개의 검은 공에서 2개의 검은 공을 꺼내는 경우의 수는

$$_4C_2 = \frac{_4P_2}{2!} = \frac{4 \times 3}{2 \times 1} = 6 \,[가지]$$

따라서 구하는 확률은

$$\frac{6}{15}=\frac{2}{5}$$

(2) 주사위의 눈이 나오는 방법은 전부해서

$$6 \times 6 = 36[가지]$$

이중에서 나오는 눈의 합이 '9'가 되는 것은

$$(3, 6), (4, 5), (5, 4), (6, 3)의 4가지$$

따라서 구하는 확률은

$$\frac{4}{36}=\frac{1}{9}$$

그런데 (2)를 다음과 같이 생각하고 싶은 사람은 없는가? 사실 이것은 전형적인 '오답 예'인데 어디가 이상한지 알겠는가?

오답 예

주사위의 눈을 '조합'으로 생각한다. 다음 페이지의 표를 보면 나오는 눈은 모두 21가지다. 이중에서 합이 '9'가 되는 것은 (3, 6), (4, 5)의 둘 중 하나로 2가지. 구하는 확률은 $\frac{2}{21}$.

실은 이와 같이 '조합'으로 생각해버리면 표본공간의 원소 수(일어날 수 있는 모든 경우의 수) 21가지 중 (1, 1), (2, 2), (3, 3), (4, 4), (5, 5), (6, 6)의 **같은 눈 6가지와 그 이외 15가지가 발생 가능**

(1, 1)	(1, 2)	(1, 3)	(1, 4)	(1, 5)	(1, 6)
	(2, 2)	(2, 3)	(2, 4)	(2, 5)	(2, 6)
		(3, 3)	(3, 4)	(3, 5)	(3, 6)
			(4, 4)	(4, 5)	(4, 6)
				(5, 5)	(5, 6)
					(6, 6)

성이 동일하지 않다. 이를 확인하기 위해 나오는 눈을 '순열'로 생각한 다음 표를 보자.

(1, 1)	(1, 2)	(1, 3)	(1, 4)	(1, 5)	(1, 6)
(2, 1)	(2, 2)	(2, 3)	(2, 4)	(2, 5)	(2, 6)
(3, 1)	(3, 2)	(3, 3)	(3, 4)	(3, 5)	(3, 6)
(4, 1)	(4, 2)	(4, 3)	(4, 4)	(4, 5)	(4, 6)
(5, 1)	(5, 2)	(5, 3)	(5, 4)	(5, 5)	(5, 6)
(6, 1)	(6, 2)	(6, 3)	(6, 4)	(6, 5)	(6, 6)

예를 들면 조합으로 (1, 1)이 되는 것은 36가지 중 1가지뿐이지만 (1, 2)가 되는 것은 (1, 2)와 (2, 1)의 2가지가 있다. 즉 나오는 눈을 '조합'으로 생각해버리면 똑같은 수가 나올 확률은 똑같은 수 이외가 나올 확률의 절반뿐이다. **'어떤 일이 발생할 가능성이 똑같다'라는 전제가 무너져 있다.** 그러나 '순열'로 생각하여 (1, 2)와 (2, 1)을 구별하면 (1, 1)도 (1, 2)도 (2, 1)도 36가지 중 1가지가 되어 표본공간으로 생각하는 모든 눈이 나오는 방법이 똑같아진다.

> **주)** 여담이지만 3개의 주사위를 사용하는 중국의 '대소' 게임(도박)에서는 같은 수를 포함하는 예상이 맞았을 때가 같은 수를 포함하지 않는 예상이 맞았을 때보다 고배당을 받는다. 같은 수를 포함하는 눈이 나올 확률이 낮기 때문이다.

07
합집합과 교집합

주사위를 던진다는 시행에서 표본공간을 U, '홀수의 눈이 나온다'는 사건을 A, '소수의 눈이 나온다'는 사건을 B라고 하면

$$U = \{1, 2, 3, 4, 5, 6\}$$
$$A = \{1, 3, 5\}$$
$$B = \{2, 3, 5\}$$

가 된다. 참고로 소수란 '1과 자신 이외에 약수를 갖지 않는 2 이상의 정수'로 2, 3, 5, 7, 11, 13, 17, 19… 등이 있다.

그림으로 그리면 이렇다(이런 그림을 **벤다이어그램**이라고 한다).

일반적으로 시행에서 A와 B라는 2개의 사건이 있을 때 'A와 B 중에서 적어도 한 사건이 일어난다'를 A와 B의 **합집합**이라고 부르고 $A \cup B$라는 기호로 나타낸다. 또한 'A와

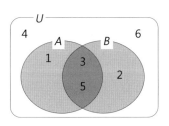

B 두 사건이 동시에 일어난다'를 **교집합**이라고 부르고 $A \cap B$라고 한다. 위의 예에서는 이렇게 된다.

합집합: $A \cup B = \{1, 2, 3, 5\}$

교집합: $A \cap B = \{3, 5\}$

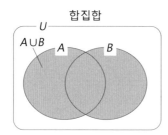

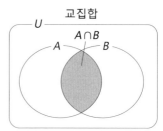

주) '∪'는 '또는'이라고 읽거나 (손잡이를 붙이면 커피컵으로 보이므로) cup(컵)이라고 한다. '∩'은 '그리고'라고 읽거나 (챙을 붙이면 모자로 보이므로) cap(캡)이라고 부른다.

합집합의 확률 $P(A \cup B)$와 교집합의 확률 $P(A \cap B)$ 사이에는 다음의 관계가 성립한다.

합집합과 교집합의 확률

$$P(A \cup B) = P(A) + P(B) - P(A \cap B)$$

실제 앞쪽의 예에서도

$U = \{1, \ 2, \ 3, \ 4, \ 5, \ 6\}$

$A = \{1, \ 3, \ 5\} \Rightarrow P(A) = \dfrac{3}{6}, \quad B = \{2, \ 3, \ 5\} \Rightarrow P(B) = \dfrac{3}{6}$

$A \cup B = \{1, \ 2, \ 3, \ 5\} \Rightarrow P(A \cup B) = \dfrac{4}{6}$

$A \cap B = \{3, \ 5\} \Rightarrow P(A \cap B) = \dfrac{2}{6}$

$P(A) + P(B) - P(A \cap B) = \dfrac{3}{6} + \dfrac{3}{6} - \dfrac{2}{6} = \dfrac{4}{6}$

이므로 확실하게 $P(A \cup B)$와 $P(A) + P(B) - P(A \cap B)$는 같다.

교집합 $A \cap B$란 요컨대 A와 B의 겹침이므로, 합집합 $A \cup B$를 생각할 때 A와 B를 더한 것에서 겹치는 것을 빼야 한다.

또한 벤다이어그램이 다음과 같이 될 때는

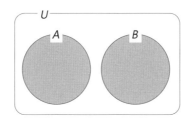

A와 B는 동시에 일어나는 일이 없으므로

$$P(A \cap B) = 0$$

이다. 이와 같이 A와 B, 한쪽이 일어나면 다른 쪽은 일어나지 않는

관계일 때 A와 B는 **상호배반**(mutually exclusive)이라고 하며 다음
식이 성립한다.

A와 B가 상호배반일 때 합집합의 확률

$$P(A \cup B) = P(A) + P(B)$$

합집합, 교집합, 상호배반 등의 단어가 어렵게 느껴질지 모르겠
지만 개념 자체는 단순하므로 하다 보면 금방 익숙해진다!
그런 의미에서 예제 하나.

예제 4-5   다음 문제를 풀어보라.

(1) 1~12까지의 번호가 붙은 12장의 종이에서 무작위로 한 장을
  빼는 시행에서 '12의 약수를 뺀다'는 사건을 A, '짝수를 뺀다'
  는 사건을 B라고 한다. 합집합 $A \cup B$와 교집합 $A \cap B$를 각각
  집합으로 나타내라.
(2) 주머니 안에 검은 공 5개와 흰 공 3개가 들어 있다. 동시에 3개
  의 공을 꺼낼 때 검은 공과 흰 공이 나올 확률을 구하라.

해설

(1) 사건 A와 사건 B를 집합으로 나타내면

$$A = \{1,\ 2,\ 3,\ 4,\ 6,\ 12\}$$
$$B = \{2,\ 4,\ 6,\ 8,\ 10,\ 12\}$$

이다. 이를 벤다이어그램으로 그려보면 다음과 같다.

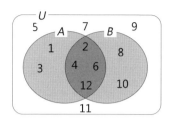

이것에 의해

$$A \cup B = \{1,\ 2,\ 3,\ 4,\ 6,\ 8,\ 10,\ 12\}$$
$$A \cap B = \{2,\ 4,\ 6,\ 12\}$$

(2) 모두 8개의 공이 있으므로 3개의 공을 꺼내는 방법은 전부해서

$$_8C_3 = \frac{_8P_3}{3!} = \frac{8 \times 7 \times 6}{3 \times 2 \times 1} = 56\,[가지]$$

이며, 검은 공과 흰 공이 모두 꺼내지는 사건은 다음 2가지다.

사건 A: 검은 공 2개와 흰 공 1개를 꺼낸다
사건 B: 검은 공 1개와 흰 공 2개를 꺼낸다

사건 A의 경우의 수는 5개의 검은 공에서 2개, 3개의 흰 공에서 1개를 꺼내므로

$$_5C_2 \times _3C_1 = \frac{_5P_2}{2!} \times \frac{_3P_1}{1!} = \frac{5 \times 4}{2 \times 1} \times \frac{3}{1} = 30\,[가지]$$

이다. 따라서 다음과 같이 된다.

$$P(A) = \frac{30}{56}$$

한편, 사건 B의 경우의 수는 5개의 검은 공에서 1개, 3개의 흰 공에서 2개를 꺼내므로

$$_5C_1 \times {}_3C_2 = \frac{_5P_1}{1!} \times \frac{_3P_2}{2!} = \frac{5}{1} \times \frac{3 \times 2}{2 \times 1} = 15\,[가지]$$

이다. 따라서

$$P(B) = \frac{15}{56}$$

구하는 확률은 $P(A \cup B)$인데 **사건 A와 사건 B는 상호배반이므로**(A와 B가 동시에 일어나는 일은 없으므로)

$$P(A \cup B) = P(A) + P(B) = \frac{30}{56} + \frac{15}{56} = \frac{45}{56}$$

가 된다.

합집합을 모르면 통계에서 '합의 평균(기댓값)'을 구할 수 없다.

08
독립시행

5개의 제비뽑기 중에 2개의 당첨제비가 있다고 하자. 이치로, 지로 두 사람이 순서대로 제비를 한 장씩 뽑을 때 다음 2가지 경우는 무엇이 다를까?

(i) 이치로가 뽑은 제비를 되돌려놓는 경우
(ii) 이치로가 뽑은 제비를 되돌려놓지 않는 경우

'이치로가 제비를 뽑는다'는 시행을 S, '지로가 제비를 뽑는다'는 시행을 T라고 하자.

(i)의 경우 S의 결과는 T의 결과에 영향이 없다. 이치로가 당첨되어도 당첨되지 않아도 지로가 당첨될 확률은 $\frac{2}{5}$다. 한편 (ii)는 S의 결과가 T의 결과에 영향을 준다. 뽑은 제비를 되돌려놓지 않으므로 이치로가 당첨된 경우 지로가 당첨될 확률은 $\frac{1}{4}$, 이치로가 당첨되지 않은 경우 지로가 당첨될 확률은 $\frac{2}{4}$다.

(i)처럼 2개의 시행 S와 T에서 한쪽의 시행 결과가 다른 쪽의

(ⅰ) 이치로가 뽑은 제비를 되돌려놓는다

(ⅱ) 이치로가 뽑은 제비를 되돌려놓지 않는다

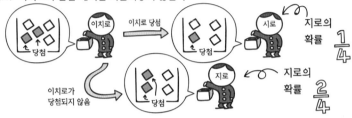

시행 결과와 관계가 없을 때 S와 T는 **독립시행**이라고 한다. 일반적으로 시행 S, T가 독립일 때 S로 사건 A가 일어나거나 T로 사건 B가 일어날 확률 $P(A \cap B)$은 다음과 같이 계산할 수 있다.

> **독립시행의 교집합 확률**
> $$P(A \cap B) = P(A) \times P(B)$$

앞의 제비뽑기 예로 확인해보자. (ⅰ)의 이치로가 뽑은 제비를 원래대로 돌려놓는 경우가 독립시행이다. 시행 S에서 '이치로가 당첨된다'는 사건을 A, 시행 T에서 '지로가 당첨된다'는 사건을 B라고 한다. 5개 중 당첨제비는 2개이므로

$$P(A) = \frac{2}{5}, \quad P(B) = \frac{2}{5}$$

이다. 그럼 $P(A \cap B)$은 어떻게 될까? 다음 표를 사용하자.

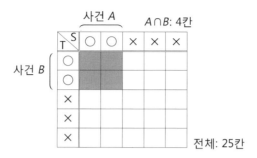

이치로가 제비를 뽑는 방법은 5가지, 지로가 제비를 뽑는 방법도 마찬가지로 5가지이므로 시행 S와 T의 결과 전체는 25가지다. 이 것을 표에서 25개의 칸으로 나타냈다. 이중 이치로와 지로가 함께 당첨되는 경우, 즉 $A \cap B$가 되는 칸(회색 칸)은 4개다. 이상에서

$$P(A \cap B) = \frac{4}{25}$$

임을 알 수 있는데, 이것은 확실하게 다음 식과 일치한다.

$$P(A) \times P(B) = \frac{2}{5} \times \frac{2}{5}$$

예제 4-6 어떤 시험에서 A가 합격할 확률은 $\frac{1}{2}$, B가 합격할 확률은 $\frac{3}{4}$이다. 두 사람 모두 합격할 확률을 구하라.

A가 시험에 합격한다는 사건을 E, B가 합격하는 사건을 F라고 하면

$$P(E) = \frac{1}{2}, \quad P(F) = \frac{3}{4}$$

이다. A가 시험을 친다는 시행과 B가 시험을 친다는 시행은 **상호독립**(A의 합격과 B의 합격은 서로 영향을 미치지 않음)이라고 생각할 수 있으므로

$$P(E \cap F) = P(E) \times P(F) = \frac{1}{2} \times \frac{3}{4} = \frac{3}{8}$$

나가노

교집합을 모르면 통계에서 '곱의 평균(기댓값)'을 구할 수 없다.

09
반복시행

　이번에는 주사위를 4번 연속 던지는 경우를 생각한다. 이때 1의 눈이 두 번 나올 확률은 얼마나 될까?

　주사위를 여러 번 던지는 경우, 각 시행은 다른 시행에 영향을 주지 않으므로 독립이다. 이와 같이 독립된 시행의 반복을 **반복시행**(또는 **독립중복시행**)이라고 한다. 주사위를 4번 던졌을 때 1의 눈이 두 번 나오는 경우를 써보자. ○은 1의 눈, ×는 1 이외의 눈을 나타낸다.

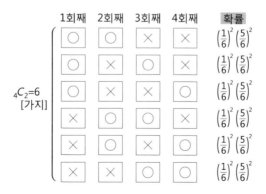

예를 들어 1회째와 2회째가 ○이고 3회째와 4회째가 ×인 경우의 확률을 구해보자. ○(1의 눈이 나올) 확률은 $\frac{1}{6}$이고, ×(1 이외의 눈이 나올) 확률은 $\frac{5}{6}$, 그리고 각각의 시행은 독립이므로

$$\frac{1}{6} \times \frac{1}{6} \times \frac{5}{6} \times \frac{5}{6} = \left(\frac{1}{6}\right)^2 \left(\frac{5}{6}\right)^2$$

이다. 1회째와 3회째가 ○이고 2회째와 4회째가 ×인 경우는 어떨까?

$$\frac{1}{6} \times \frac{5}{6} \times \frac{1}{6} \times \frac{5}{6} = \left(\frac{1}{6}\right)^2 \left(\frac{5}{6}\right)^2$$

결국 같은 $\left(\frac{1}{6}\right)^2 \left(\frac{5}{6}\right)^2$이 된다. 다른 경우도 마찬가지다.

또 4회 가운데 ○가 2회인 경우의 수는 4개의 ☐에서 ○가 들어가는 ☐를 2개 선택하는 경우의 수라고 생각할 수 있으니

$$_4C_2 = \frac{_4P_2}{2!} = \frac{4 \times 3}{2 \times 1} = 6 \,[가지]$$

이다. **6개의 경우는 각각 배반**(동시에 일어나지 않음)이므로 구해야 할 확률은 $\left(\frac{1}{6}\right)^2 \left(\frac{5}{6}\right)^2$을 6번 곱한 것, 즉

$$_4C_2 \times \left(\frac{1}{6}\right)^2 \left(\frac{5}{6}\right)^2 = 6 \times \left(\frac{1}{6}\right)^2 \left(\frac{5}{6}\right)^2 = \frac{25}{216}$$

> A와 B가 상호배반일 때
> $P(A \cup B) = P(A) + P(B)$

가 된다.

반복시행에 대해서는 일반적으로 다음 공식이 성립한다.

어떤 시행에서 사건 A가 일어날 확률이

$$P(A) = p \quad (0 \le p \le 1)$$

이라고 하자. 이 시행을 n회 반복시행하여 사건 A가 딱 k회만큼 일어나는 확률은 다음과 같다.

$$_nC_k p^k(1-p)^{n-k} \quad (0 \le k \le n)$$

뭔가 난해해 보이는 공식이다. 그림으로 풀어보자. 여기서 $\bar{A}$는 사건 A가 일어나지 않는 것을 나타낸다.

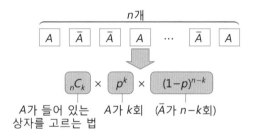

아직 고개를 갸우뚱거리고 있을 여러분을 위해 예제를 준비했다! 반복시행도 익숙해지면 어렵지 않으니 포기하지 말고 풀어보자.

예제 4-7 4지선다 문제 5개가 있는데 A는 한 문제도 몰라 아무렇게나 답을 썼다. 이때 절반 이상이 정답일 확률을 구하라.

절반 이상이 정답이라면 다섯 문제 전부 정답, 네 문제 정답, 세 문제 정답
이라는 3가지 경우를 생각할 수 있다. 4지선다 문제이므로 하나의 문제에
정답일 확률은 $\dfrac{1}{4}$ 이다.

(ⅰ) 다섯 문제 전부 정답일 경우

5번의 반복시행으로 5번 모두 정답인 것은

$$_5C_5\left(\dfrac{1}{4}\right)^5\left(1-\dfrac{1}{4}\right)^0 = 1\times\dfrac{1}{1024}\times 1 = \dfrac{1}{1024}$$

$$4^5 = 2^{10} = 1024$$

일반적으로 $a^0 = 1$

$$_nC_n = 1$$

(ⅱ) 네 문제가 정답일 경우

혹시 모르니 그림으로 풀어두자.

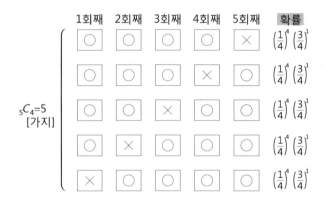

5회의 반복시행으로 4회가 정답이므로

$$_5C_4\left(\dfrac{1}{4}\right)^4\left(1-\dfrac{1}{4}\right)^1 = {}_5C_1\times\dfrac{1}{4^4}\times\left(\dfrac{3}{4}\right)^1$$

$$_nC_r = {}_nC_{n-r}$$

$$= 5 \times \frac{3}{4^5} = \frac{15}{1024}$$

$$\boxed{\, _5C_1 = \frac{_5P_1}{1!} = \frac{5}{1} = 5 \,}$$

(iii) 세 문제가 정답인 경우

마찬가지로 생각한다. 5회의 반복시행으로 3회 정답이므로

$$_5C_3 \left(\frac{1}{4}\right)^3 \left(1 - \frac{1}{4}\right)^2 = {}_5C_2 \times \frac{1}{4^3} \times \left(\frac{3}{4}\right)^2$$
$$= 10 \times \frac{9}{4^5} = \frac{90}{1024}$$

$$\boxed{\, _nC_r = {}_nC_{n-r} \,}$$

$$\boxed{\, _5C_2 = \frac{_5P_2}{2!} = \frac{5 \times 4}{2 \times 1} = 10 \,}$$

(ⅰ)~(iii)은 상호배반이므로 구하는 확률은

$$\frac{1}{1024} + \frac{15}{1024} + \frac{90}{1024} = \frac{106}{1024} = 0.103 \cdots$$

가 된다. 어라, 10% 정도밖에 안 된다. '뭐, 고르는 문제이니 어떻게 되겠지'라고 우습게 생각했다가 생각보다 점수가 낮았던 적은 없었는가? 혹시 독자 여러분의 자녀가 그런 생각을 하고 있는 것 같다면 반드시 반복시행을 가르쳐주자.

반복시행은 통계에서 이항분포를 이해하는 데 도움이 된다.

이상으로 확률 이야기는 끝이다.

후반은 여러분이 **Σ를 사용할 수 있게 하는 것이 목표**다. Σ는 어디까지나 표기의 편의를 위한 도구로 사용할 수 있게 되면 아주

편리하다. Σ는 통계에서 **확률변수의 평균**(기댓값)**이나 분산**을 계산할 때, **확률변수의 1차함수나 표준화**를 생각할 때 대활약을 한다.

단 우선은 **수열의 기본**부터 시작하자. 멀리 돌아가는 것 같지만 Σ란 결국 '**제각각인 수의 합**'이므로, 제각각인 수가 늘어선 선=수열의 이해를 빠뜨릴 수 없다. 결국 이것이 **최고의 지름길**이다.

10
등차수열

$$2, 4, 6, 8, 10, 12, 14, 16, \ldots$$

과 같이 수를 일렬로 늘어놓은 것을 '**수열**(sequence)'이라고 한다.
이 책에서는 수열 중에서 가장 기본이 되는 **등차수열**과 **등비수열**의
일반항과 합을 확인해두자.

'일반항'이란 수열의 n번째 수인 a_n을 n의 식으로 나타낸(n의
함수로 나타낸) 것이다. 일반항을 구하면 n에 구체적인 숫자를 넣어
열 번째 수든, 백 번째 수든 얼마든지 구할 수 있다.

$a_1 \sim a_5$의 수가 같은 간격 d로 한 줄로 나열되어 있다고 하자.

이처럼 앞의 수와의 차가 일정한 수열을 **등차수열**이라고 한다.
a_5는 a_1에 d를 4개 더한 값이 되므로

$$a_5 = a_1 + 4d$$

가 되는 것은 명백하다. a_{10}은 어떻게 될까? 이번에는 a_1에 d를 9번 더하면 되므로

$$a_{10} = a_1 + 9d$$

다. 마찬가지로 생각하면

$$a_{100} = a_1 + 99d$$

다. 이상을 일반화하면 다음과 같다[d는 공차(common difference)라고 한다].

등차수열의 일반항

$$a_n = a_1 + (n-1)d$$

[단 a_1: 첫 항, d: 공차]

등차수열의 합

다음으로 등차수열 $a_1 \sim a_5$의 합 S_5를 생각한다.

$$S_5 = a_1 + a_2 + a_3 + a_4 + a_5$$

다섯 수의 합이므로 단순히 더하기만 해도 S_5를 구할 수 있지만 여기서는 도형으로 계산해보자. 폭이 1인 직사각형을 생각하면 S_5

는 다음과 같은 계단 모양 도형의 면적과 같다.

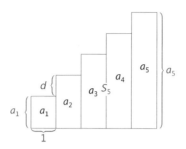

이와 같은 도형을 2개 준비하여 위아래를 반대로 하여 겹치면 폭이 5이고 높이가 $a_1 + a_5$인 직사각형이 만들어진다. 이 직사각형의 면적은 $2S_5$이므로

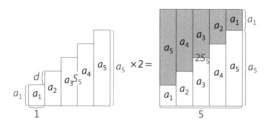

$$2S_5 = 5 \times (a_1 + a_5)$$

양변을 2로 나누면

$$S_5 = \frac{5(a_1 + a_5)}{2}$$

가 된다. 마찬가지로 생각하면

$$S_n = a_1 + a_2 + a_3 + \cdots + a_n$$

은

$$2S_n = n(a_1 + a_n)$$

이므로 양변을 2로 나누면 다음 식을 얻게 된다.

등차수열의 합

등차수열 a_n에 대하여

$$S_n = a_1 + a_2 + a_3 + \cdots + a_n$$

이라고 하면

$$S_n = \frac{n(a_1 + a_n)}{2}$$

예제 4-8 제3항이 11, 제8항이 31인 등차수열 a_n의 일반항과 a_n의 첫 항에서 20번째 항까지의 합을 구하라.

해설

수열 a_n은 등차수열이므로 첫 항을 a_1, 공차를 d라고 하면

$$a_3 = a_1 + 2d = 11$$

$$a_8 = a_1 + 7d = 31$$

이다. a_1과 d의 연립방정식을 푼다.

$$a_1 + 2d = 11 \qquad \cdots ①$$

$$-\,)\,\underline{a_1 + 7d = 31} \qquad \cdots ②$$

$$-5d = -20 \quad \therefore \ d = 4$$

①에 대입하여

$$a_1 + 2 \times 4 = 11$$

$$\Longrightarrow a_1 + 8 = 11$$

$$\Longrightarrow a_1 = 3$$

이 된다. 이상에서 a_n의 일반항은

$$a_n = a_1 + (n-1)d$$

$$= 3 + (n-1) \times 4$$

$$= 4n - 1$$

이다. 다음으로 '첫 항에서 20번째 항까지의 합' 즉

$$S_{20} = a_1 + a_2 + a_3 + \cdots + a_{20}$$

을 구한다. 등차수열의 합은

$$\frac{\text{항수} \times (\text{첫 항} + \text{끝 항})}{2}$$

이므로

$$S_{20} = \frac{20 \times (a_1 + a_{20})}{2}$$

$$= \frac{20 \times \{3 + (4 \cdot 20 - 1)\}}{2}$$

$$= 10 \times (3 + 79)$$

$$= 820$$

$$a_1 = 3$$
$$a_n = 4n - 1$$

11
등비수열

이번에는 $a_1 \sim a_5$의 수가 다음과 같이 나열되어 있다고 하자.

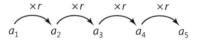

이처럼 앞의 수에 일정 수를 곱하는 수열을 '**등비수열**'이라고 한다. a_5는 a_1에 r을 4번 곱한 식이 되므로

$$a_5 = a_1 r^4$$

이다. 마찬가지로 생각하면

$$a_{10} = a_1 r^9$$

$$a_{100} = a_1 r^{99}$$

이 되는 것은 명백하므로, 등비수열의 일반항은 다음과 같다[r은 공

비(common ratio)라고 한다].

등비수열의 일반항

$$a_n = a_1 r^{n-1}$$

[단 a_1: 첫 항, r: 공비]

등비수열의 합

등비수열 a_n에 대하여 $a_1 \sim a_n$의 합을

$$S_n = a_1 + a_2 + a_3 + \cdots + a_{n-1} + a_n$$

이라고 하면 등비수열의 일반항에 의해

$$S_n = a_1 + a_1 r + a_1 r^2 + \cdots + a_1 r^{n-2} + a_1 r^{n-1}$$

이 된다. 이 S_n을 구해보자.

단 $r = 1$인 경우는

$$S_n = a_1 + a_1 + a_1 + \cdots + a_1 + a_1$$

이 되어 n개의 a_1을 더하기만 하는 것이므로

$$S_n = na_1$$

이다. 이러면 재미가 없으니 여기서는 $r \neq 1$이라고 하자. $r \neq 1$인

경우의 S_n은 다음과 같이 '$S_n - rS_n$'을 계산하면 구할 수 있다.

$$S_n = a_1 + a_1 r + a_1 r^2 + \cdots + a_1 r^{n-2} + a_1 r^{n-1}$$

$$-)\ rS_n = \qquad a_1 r + a_1 r^2 + \qquad + a_1 r^{n-2} + a_1 r^{n-1} + a_1 r^n$$

$$S_n - rS_n = a_1 \qquad\qquad\qquad\qquad\qquad\qquad - a_1 r^n$$

이것에 의해

$$(1-r)S_n = a_1 - a_1 r^n = a_1(1-r^n)$$

이 된다. 여기서 $r = 1$인 경우는 '$1 - r = 0$'이 되어 $(1-r)$로 나눌 수 없지만, 이제는 $r \neq 1$인 경우를 생각하고 있으므로 양변을 $(1-r)$로 나눌 수 있어 다음 식을 얻을 수 있다!

등비수열의 합

등비수열 a_n에 대하여,

$$S_n = a_1 + a_2 + a_3 + \cdots + a_n = a_1 + a_1 r + a_1 r^2 + \cdots + a_1 r^{n-1}$$

이라고 하면

$$S_n = \frac{a_1(1-r^n)}{1-r} \quad (r \neq 1 일 때)$$

$$S_n = na_1 \quad (r = 1 일 때)$$

$r \neq 1$인 경우의 식은 복잡하다.

실은 이 등비수열의 합의 공식은 앞에 나온 이항정리와 마찬가지로 대학 수험생들이 가장 잊어버리기 쉬운 최악의 3대 공식 가운데 하나다(나가노수학학원 조사. 또 하나는 〈수학 Ⅱ〉에 나오는 '점과 직선의 거리 공식'이다).

하지만 앞과 같이 어떻게 공식이 성립되었는지가 머릿속에 들어 있으면 혹시나 잊어버리더라도 언제든지 끌어낼 수 있다. 수학에서 중요한 것은 결과가 아니라 과정이다.

> **예제 4-9** 제2항이 6, 제5항이 48인 등비수열 a_n의 일반항과 a_n의 첫 항부터 10항까지의 합을 구하라.

해설

등비수열이므로 첫 항을 a_1, 공비를 r이라고 하면 다음과 같이 된다.

$$a_2 = a_1 r = 6 \qquad \cdots ①$$
$$a_5 = a_1 r^4 = 48 \qquad \cdots ②$$

> 등비수열의 일반항
> $a_n = a_1 r^{n-1}$

$\dfrac{②}{①}$를 만들면 r을 구할 수 있다.

$$\frac{②}{①} = \frac{a_5}{a_2} = \frac{a_1 r^4}{a_1 r} = \frac{48}{6}$$
$$\therefore r^3 = 8$$
$$\Rightarrow r = 2$$

①에 대입하여

$$a_1 \times 2 = 6$$

$$\Rightarrow a_1 = 3$$

이상에서 a_n의 일반항은

$$a_n = a_1 r^{n-1}$$

$$= 3 \cdot 2^{n-1}$$

이 된다. 다음으로 '첫 항에서 10항까지의 합' 즉

$$S_{10} = a_1 + a_2 + a_3 + \cdots + a_{10}$$

을 구한다. 이제 r은 1이 아니므로

$$S_n = \frac{a_1(1 - r^n)}{1 - r}$$

을 사용하자.

$$a_1 = 3$$
$$r = 2$$

$$S_{10} = \frac{3 \times (1 - 2^{10})}{1 - 2}$$

$$2^{10} = 1024$$

$$= \frac{3 \times (1 - 1024)}{-1}$$

$$= 3 \times (1024 - 1)$$

$$= 3069$$

12
Σ 기호

앞의 수열 $a_1 \sim a_5$의 합 S_5를

$$S_5 = a_1 + a_2 + a_3 + a_4 + a_5$$

라고 썼다. 마찬가지로 $a_1 \sim a_{10}$의 합 S_{10}을 식으로 나타내면

$$S_{10} = a_1 + a_2 + a_3 + a_4 + a_5 + a_6 + a_7 + a_8 + a_9 + a_{10}$$

이 되어 장황하다. S_{10}이 아닌 S_{100}이나 S_{1000}을 나타내려면 틀림없이 식이 너무 길어져 한 페이지에 담기조차 힘들 것이다. 물론

$$S_{100} = a_1 + a_2 + a_3 + \cdots + a_{100}$$

과 같이 중간에 '…'를 넣어 생략하는 방법이 있지만 이것은 뭔가 말끔하지 않다(?). 그래서 **Σ(시그마)라는 기호**를 쓰기로 한다. Σ를 보면 독자 여러분 중에는 '윽, 나왔다!' 하고 학창시절 지긋지긋했던 수학시간을 떠올리는 사람도 있을지 모르지만 Σ는 수열의 합의

표기를 간명하게 하고 계산을 도와주는 아주 편리한 기호다. 싫다는 생각은 잠시 접어두고 차분하게 읽어가자.

Σ 기호의 의미

구체적인 예로 설명해보겠다.

$$\sum_{k=1}^{3} (2k+1)$$

은 '$2k+1$의 k에 1부터 3까지의 숫자를 차례대로 대입해서 더한 것'이라는 의미가 된다. 즉

$$\sum_{k=1}^{3} (2k+1) = (2 \cdot 1 + 1) + (2 \cdot 2 + 1) + (2 \cdot 3 + 1)$$

$$= 3 + 5 + 7 = 15$$

이다. 마찬가지로 생각하면

$$\sum_{k=2}^{5} k^2$$

은 'k^2의 k에 2부터 5까지의 숫자를 순서대로 대입해 더한 것'이라는 의미로

$$\sum_{k=2}^{5} k^2 = 2^2 + 3^2 + 4^2 + 5^2 = 4 + 9 + 16 + 25 = 54$$

로 계산된다. 그러면 앞의 수열 $a_1 \sim a_5$의 합 S_5를 시그마로 표현

하면 어떻게 될까?

$$\sum_{k=1}^{5} a_k = a_1 + a_2 + a_3 + a_4 + a_5$$

이므로

$$S_5 = \sum_{k=1}^{5} a_k$$

이다! Σ를 사용하면 S_{100}이나 S_{1000} 등도 '…' 없이 간단하게, 그리고 정밀하게 나타낼 수 있다.

$$S_{100} = a_1 + a_2 + a_3 + \cdots + a_{100} = \sum_{k=1}^{100} a_k$$

$$S_{1000} = a_1 + a_2 + a_3 + \cdots + a_{1000} = \sum_{k=1}^{1000} a_k$$

위의 내용을 일반화시켜 정리해보자.

> ### Σ 기호의 정의
>
> $$\sum_{k=1}^{n} a_k \text{는 } a_1 + a_2 + a_3 + \cdots + a_n$$
>
> 을 나타낸다. 즉
>
> $$\sum_{k=1}^{n} a_k = a_1 + a_2 + a_3 \cdots + a_n$$

주〉 Σ는 영어로 총합을 나타내는 'Sum'의 머리글자인 s에 해당하는 그리스어 대문자다. 또한 'k' 대신 다른 문자를 사용해도 상관없다.

$[a_1 + a_2 + a_3 + \cdots + a_n]$을 나타내는데

$$\sum_{i=1}^{n} a_i = a_1 + a_2 + a_3 + \cdots + a_n \quad \text{또는} \quad \sum_{j=1}^{n} a_j = a_1 + a_2 + a_3 + \cdots + a_n$$

과 같이 쓸 수도 있다.

그리고 첫 항의 'a_1'부터의 합이 아니라도, 예를 들어 $a_3 + a_4 + a_5 + \cdots a_n$처럼 수열 중간부터의 합도 다음과 같이 나타낼 수 있다.

$$\sum_{k=3}^{n} a_k = a_3 + a_4 + a_5 + \cdots + a_n$$

예제 4-10 다음 값을 구하라.

(1) $\displaystyle\sum_{k=1}^{4} (k^2 + k)$ 　　　　　　　　(2) $\displaystyle\sum_{k=3}^{5} \frac{1}{2k}$

해설

(1) Σ 기호의 의미를 풀어쓰면 '$k^2 + k$의 k에 1부터 4까지의 숫자를 순서대로 대입하여 더한 것'이 된다.

$$\sum_{k=1}^{4} (k^2 + k) = (1^2 + 1) + (2^2 + 2) + (3^2 + 3) + (4^2 + 4)$$

$$= 2 + 6 + 12 + 20 = \mathbf{40}$$

(2) 이번에는 '$\frac{1}{2k}$의 k에 3부터 5까지의 숫자를 순서대로 대입하여 더한 것'이 된다.

$$\sum_{k=3}^{5} \frac{1}{2k} = \frac{1}{2 \cdot 3} + \frac{1}{2 \cdot 4} + \frac{1}{2 \cdot 5} = \frac{1}{6} + \frac{1}{8} + \frac{1}{10}$$

$$= \frac{20 + 15 + 12}{120} = \frac{\mathbf{47}}{\mathbf{120}}$$

13
Σ의 기본성질

$$(5a_1 + 4b_1) + (5a_2 + 4b_2) + (5a_3 + 4b_3)$$
$$= 5(a_1 + a_2 + a_3) + 4(b_1 + b_2 + b_3)$$

위 식이 성립한다는 것은 명백하다. 이를 Σ를 이용해 표현하면

$$\sum_{k=1}^{3}(5a_k + 4b_k) = 5\sum_{k=1}^{3}a_k + 4\sum_{k=1}^{3}b_k$$

가 된다. 이것은 Σ 기호에서도 분배법칙을 사용할 수 있음을 나타낸다. 마찬가지로 일반화시켜두자.

Σ의 분배법칙

$$\sum_{k=1}^{n}(pa_k + qb_k) = p\sum_{k=1}^{n}a_k + q\sum_{k=1}^{n}b_k$$

(p, q는 정수)

Σ의 분배법칙은 확률변수의 평균(기댓값)이나 분산 등을 계산할 때 자주 쓴다.

또한 Σ의 계산은 다음 공식을 머릿속에 넣어두면 편리하다.

> **Σ의 계산 공식**
>
> (i) $\displaystyle\sum_{k=1}^{n} c = nc$ $[c$는 정수$]$
>
> (ii) $\displaystyle\sum_{k=1}^{n} k = \frac{n(n+1)}{2}$
>
> (iii) $\displaystyle\sum_{k=1}^{n} k^2 = \frac{n(n+1)(2n+1)}{6}$

증명

(i) c의 뒤에 1^k가 숨어 있다고 생각하자.

$$\sum_{k=1}^{n} c = \sum_{k=1}^{n} c \cdot 1^k$$
$$= c \cdot 1^1 + c \cdot 1^2 + c \cdot 1^3 + \cdots + c \cdot 1^n$$
$$= \underbrace{c + c + c + \cdots + c}_{n개} = nc$$

(ii)
$$\sum_{k=1}^{n} k = 1 + 2 + 3 + \cdots + n$$

인데 이것은 첫 항이 1, 공차가 1, 항수가 n인 등차수열의 합이다.

$$\sum_{k=1}^{n} k = 1 + 2 + 3 + \cdots + n = \frac{n(1+n)}{2}$$
$$= \frac{n(n+1)}{2}$$

> 등차수열의 합
> $$S_n = \frac{n(a_1 + a_n)}{2}$$

(iii) 조금 까다로운 문제이기 때문에 [연습 4−7]에서 증명한다.

   한숨 돌리면서 지금까지의 내용이 제대로 머릿속에 정리되었는지 확인하기 위해 반드시 연습문제를 풀어보자.

연습문제(정답은 405쪽 참고)

> ■ **연습 4-1** A, B, C, D, E의 5명이 한 줄로 설 때 다음 경우
> 의 수를 구하라.
> (1) A와 B가 서로 이웃하는 줄서기
> (2) A와 B가 서로 이웃하지 않는 줄서기

해답

(1) 이웃하는 2명을 다음과 같이 하나로 정리한다.

여기서 [   ], C, D, E의 4개를 한 줄로 세우는 방법은

$$\boxed{}=\boxed{}=4\times3\times2\times1=\boxed{} \text{ [가지]}$$

또한 [   ]의 A, B를 세우는 방법은

$$\boxed{}=\boxed{}=2\times1=\boxed{} \text{ [가지]}$$

따라서 구하는 경우의 수는

$$\boxed{}\times\boxed{}=\boxed{} \text{ [가지]}$$

(2) A, B, C, D, E를 줄 세우는 방법은 모두 해서

$$\boxed{}=\boxed{}=5\times4\times3\times2\times1=\boxed{} \text{ [가지]}$$

구하는 경우의 수는 이중의 (1) 이외이므로

$$\boxed{} - \boxed{} = \boxed{} \ [가지]$$

■**연습 4-2** 1~9의 숫자를 한 번씩 사용하여 세 자릿수의 정수를 만든다. 이때 백의 자리>십의 자리>일의 자리가 되는 세 자릿수 정수는 몇 개 만들 수 있는지 구하라.

해답

예를 들어 1~9에서 (1, 7, 8)의 3개 숫자를 고르고 큰 순서대로 늘어놓아 '871'을 만들면 백의 자리>십의 자리>일의 자리인 정수가 된다.

8	7	1
백	십	일

이와 같이 9개의 숫자에서 3개를 골라 크기순으로 늘어놓으면 문제의 뜻을 만족하는 정수가 반드시 1개 만들어진다. 따라서 구하는 경우의 수는

$$\boxed{} \times 1 = \boxed{} \times 1 = \boxed{} \times 1 = \boxed{} \ [가지]$$

■**연습 4-3** 다음 식의 전개식에서 x^6의 계수를 구하라.

$$(x^3 - 2)^5$$

$$(x^3 - 2)^5 = \{x^3 + (-2)\}^5$$

이라고 생각하면 이항정리 일반항은

$$_5C_k(x^3)^{\boxed{}}(-2)^{\boxed{}} = {}_5C_k(-2)^{\boxed{}}x^{\boxed{}}$$

x^6의 항은

$$x^{\boxed{}} = x^6$$

> $(a+b)^n$의 일반항
> $_nC_k a^{n-k}b^k$

일 때, 즉

$$\boxed{} = 6 \;\Rightarrow\; k = \boxed{}$$

따라서 x^6의 계수는

$$_5C_k(-2)^k = {}_5C_{\boxed{}}(-2)^{\boxed{}} = {}_5C_{\boxed{}} \cdot \boxed{} = \boxed{}$$

■**연습 4-4**] '옆 그림의 길을 S에서 G까지 최단거리로 갈 때 P를 통과할 확률을 구하라'라는 문제에 대해 A와 B가 서로 다른 생각을 갖고 있다. 어느 쪽이 옳은지 답하라. 단 각 분기점에서 길을 선택하는 확률은 같다고 한다.

〈**A의 생각**〉 최단경로는 모두 해서

$$_6C_3 = \frac{_6P_3}{3!} = \frac{6 \times 5 \times 4}{3 \times 2 \times 1} = 20 \ \ [가지]$$

이중 P를 통과하는 경로는 1가지이므로 구하는 확률은 $\frac{1}{20}$

〈B의 생각〉 최단경로이므로 각 분기점에서는 $\frac{1}{2}$의 확률로 길을 선택한다. S에서 P에 도달할 때까지 분기는 세 번 있으므로

$$\frac{1}{2} \times \frac{1}{2} \times \frac{1}{2} = \frac{1}{8}$$

해답

'최단경로'이므로 S에서 G로 가는 경우 선택할 수 있는 경로는 →나 ↑뿐이다.

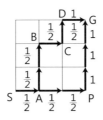

이를 고려하면 예를 들어 S → A → B → C → D → G로 가는 경로에서는 길을 선택할 기회가 5번 있으므로(D에서는 선택하지 않음) 이 경로가 될 확률은

한편 S → P → G로 가는 경로에서는 길을 고를 기회가 세 번 있으므로(P 이후는 선택할 수 없음) 이 경로를 선택할 확률은

즉 S → A → B → C → D → G로 가는 경로와 S → P → G로 가는 경로는 [   ]. 따라서 옳은 것은 [   ]다.

> 주〉 A는 (예제 4-2의) 6개의 □에 3개의 →와 3개의 ↑를 넣을 수 있는 경우의 수를 생각하여 '경로는 $_6C_3 = 20$가지'라고 하고 있다. 그러나 경로의 종류는 20이지만 각 경로는 발생 가능성이 동일하지 않으므로 20종류의 경로를 표본공간으로 하는 것은 틀렸다.

■연습 4–5 A와 B가 3회전까지 승부를 한다. A가 1회 승부에서 이길 확률이 $\frac{2}{3}$일 때 A가 한 번만 이길 확률을 구하라. 단 무승부는 없는 것으로 한다.

해답

반복시행이다. A가 한 번만 이긴다 ⇒ A 1승 2패

$$_3C_\square \left(\frac{2}{3}\right)^\square \left(1 - \frac{2}{3}\right)^\square = \square \times \boxed{} \times \boxed{} = \boxed{}$$

■**연습 4-6** 다음 값을 구하라.

$$\sum_{k=1}^{n} (4 \cdot 3^{k-1} + 2k + 5)$$

해답

Σ의 분배법칙을 사용하면

$$\sum_{k=1}^{n} (4 \cdot 3^{k-1} + 2k + 5) = \boxed{}$$

여기서

$$\sum_{k=1}^{n} 3^{k-1} = 3^0 + 3^1 + 3^2 + \cdots + 3^{n-1}$$

$$= \boxed{} = \frac{3^n - 1}{2}$$

> 등비수열의 합
> $$S_n = \frac{a_1(1-r^n)}{1-r}$$
> $3^0 = 1$

$$\sum_{k=1}^{n} k = \boxed{}$$

$$\sum_{k=1}^{n} 5 = \boxed{}$$

> $$\sum_{k=1}^{n} c = nc$$

이므로 각각을 대입하면

$$\sum_{k=1}^{n} (4 \cdot 3^{k-1} + 2k + 5) = 4\sum_{k=1}^{n} 3^{k-1} + 2\sum_{k=1}^{n} k + \sum_{k=1}^{n} 5$$

$$= 4 \cdot \boxed{} + 2 \cdot \boxed{} + \boxed{}$$

$$= 2 \cdot 3^n - 2 + \boxed{}$$

$$= \boxed{}$$

■ 연습 4-7 $(l+1)^3 - l^3 = 3l^2 + 3l + 1$

임을 이용하여 다음 식을 증명하라.

$$\sum_{k=1}^{n} k^2 = \frac{n(n+1)(2n+1)}{6}$$

[해답]

$$(l+1)^3 - l^3 = 3l^2 + 3l + 1$$

의 l에 $l = 1, 2, 3, \dots, n$을 대입하여 더한다.

$$2^3 - 1^3 = 3 \cdot 1^2 + 3 \cdot 1 + 1 \qquad (l = 1)$$
$$3^3 - 2^3 = 3 \cdot 2^2 + 3 \cdot 2 + 1 \qquad (l = 2)$$
$$4^3 - 3^3 = 3 \cdot 3^2 + 3 \cdot 3 + 1 \qquad (l = 3)$$
$$\vdots$$
$$+)\ (n+1)^3 - n^3 = 3 \cdot n^2 + 3 \cdot n + 1 \qquad (l = n)$$
$$(n+1)^3 - 1^3 = 3 \cdot (1^2 + 2^2 + 3^2 + \cdots + n^2) + 3 \cdot (1 + 2 + 3 + \cdots n) + 1 \times n$$

$$(n+1)^3 - 1 = 3 \sum_{k=1}^{n} k^2 + 3 \boxed{} + n$$

$$n^3 + 3n^2 + 3n + 1 - 1 = 3 \sum_{k=1}^{n} k^2 + 3 \cdot \boxed{} + n$$

$$\therefore 3 \sum_{k=1}^{n} k^2 = n^3 + 3n^2 + 3n - 3 \cdot \boxed{} - n$$

$$= \frac{2n^3 + 6n^2 + 6n - 3n^2 - 3n - 2n}{2}$$

$$= \frac{2n^3 + 3n^2 + n}{2}$$

$$= \frac{n(2n^2 + 3n + 1)}{2}$$

$$= \frac{n\{(2n^2 + 2n) + (n + 1)\}}{2}$$

$$= \frac{n\{(n + 1) \cdot 2n + (n + 1) \cdot 1\}}{2} = \boxed{}$$

양변을 3으로 나누어

$$\sum_{k=1}^{n} k^2 = \boxed{}$$

주〉 $(a + b)^3 = a^3 + 3a^2b + 3ab^2 + b^3$ (226쪽)에서

$$(n + 1)^3 = n^3 + 3n^2 \cdot 1 + 3n \cdot 1^2 + 1^3 = n^3 + 3n^2 + 3n + 1$$

또한 교차 곱셈의 인수분해를 할 수 있는 사람은

$$2n^2 + 3n + 1$$

에 대하여

에서

$$2n^2 + 3n + 1 = (n + 1)(2n + 1)$$

이라고 해도 상관없다.

고생 많았다.

나가노

오래 기다리셨습니다!

배울 내용이 좀 많았죠.

오카다 교수

나가노

4장이 **이 책에서 다소 어려운 고비**가 아닌가 싶습니다. 확률과 Σ가 2개의 큰 기둥이라고 한다면 **확률의 이해는 통계의 문을 여는 열쇠**와 같은 것이니까요.

그렇습니다.

오카다 교수

나가노

그리고 Σ를 이해하지 못하면 통계책을 읽을 수 없다는 사람이 많은데요. 반대로 하면 **Σ만 알면 독학 범위가 몇 배로 늘어난다**는 말도 되겠죠?

앞으로 등장할 '**확률변수**'는 히스토그램이나 표준편차, 상관계수 등을 이해한 사람들도 잘 틀리는 난코스입니다. 3장의 상관계수는 계산방법을 거의 암기하다시피 해서 통과했다고 해도 확률변수는 그렇게 해서는 안 되거든요.

오카다 교수

나가노

그렇게 말씀하시니 저도 좀 불안한데요. 보충해주시겠어요?

맡겨주십시오.

나가노

이렇게 흐름도로 정리하고 넘어가면 도움이 될 것 같군요.

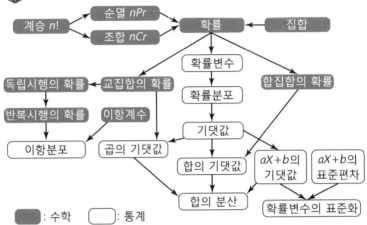

현실에서 일어나는 여러 일들을 수학적으로 다루기 위해서
는 다양한 형태를 가진 것들을 수치화하고 변수로 다룰 필
요가 있습니다. 이 변수와 확률을 합친 것이 바로 **'확률변수'**
입니다.

14
확률변수와 확률분포

주사위를 한 번 던졌을 때 **나오는 눈을 X라고 하면** $X = 1$이 되는 확률(1의 눈이 나올 확률)은 당연히 '$\frac{1}{6}$'이다. 이것을 수학에서는

$$P(X = 1) = \frac{1}{6} \quad [X(\text{주사위의 나오는 눈})가 1이 되는 확률은 \frac{1}{6}]$$

이라고 나타낸다. 2~6의 눈이 나올 확률도 모두 '$\frac{1}{6}$'이므로 위와 같은 방식으로 나타내면

$$P(X = 2) = \frac{1}{6}, \quad P(X = 3) = \frac{1}{6}, \quad P(X = 4) = \frac{1}{6},$$

$$P(X = 5) = \frac{1}{6}, \quad P(X = 6) = \frac{1}{6}$$

이 된다. 하지만 이렇게 열거하면 보기 힘들다. 표로 나타내보자.

X	1	2	3	4	5	6
P	$\frac{1}{6}$	$\frac{1}{6}$	$\frac{1}{6}$	$\frac{1}{6}$	$\frac{1}{6}$	$\frac{1}{6}$

여기서 X는 1~6의 정수값을 얻는 '변수'인데, X가 각각의 값을 얻을 확률이 정해져 있다. 이처럼 **변수 X가 특정 값을 얻을 때의 확률이 정해져 있을 때** X를 **확률변수**(random variable)라고 한다.

앞의 주사위의 예처럼 **얻을 수 있는 값 전체가 정해져 있다는** 것도 확률변수의 중요한 성질이다. 확률변수는 다음과 같이 정리할 수 있다.

(1) X는 변수다
(2) X는 얻을 수 있는 값의 범위가 정해져 있다
(3) X가 특정 값을 얻을 확률이 정해져 있다

X는 확률변수

예를 들어 '내일 비가 내릴까 안 내릴까'를 생각해보자. '내일 비가 내릴까 안 내릴까'는 (1) 언제나 같은 값을 얻을 수 있는 것은 아니므로 변수이며 (2) '비가 내린다' '비가 내리지 않는다'라는 얻을 수 있는 값 2개가 정해져 있으며 (3) '비가 내릴' 확률을 지금까지 축적한 데이터를 토대로 구할(추정할) 수 있다(일기예보가 이런 과정을 통해 우리에게 전달된다).

따라서 위의 3가지 성질을 만족하고 있으니 '내일 비가 내릴까 안 내릴까'는 확률변수라고 생각할 수 있다. 실제 일기예보에서는

현대 통계학을 활용한다. **통계는 관심이 있는 현상을 확률변수에 의해 표현하고, 추정 또는 예측하는 학문**이라고 말할 수 있다.

또한 확률변수 X의 값과 확률 P의 대응관계를 **확률분포**(pro-bability distribution)라고 한다.

확률분포는 앞쪽의 표와 같이 정리하거나 다음과 같이 그래프로 나타낼 수도 있다.

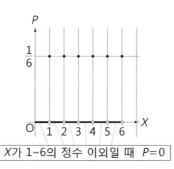

그래프로 만들어보면 X가 1~6의 정수 이외일 때는 $P = 0$이 되는 것을 알 수 있다. 주사위의 나오는 눈을 X로 한 경우 X에는 1~6의 정수값만이 가능하다. $X = 1.5$라는 값은 있을 수 없다. 이와 같이 '제각각인 값'만을 갖는 확률변수를 특히 **'이산형확률변수'**라고 한다. 또한 (당연하지만) X가 가질 수 있는 모든 값에 대한 확률을 더하면 '1'이 된다는 것도 주의하자.

$$\frac{1}{6} + \frac{1}{6} + \frac{1}{6} + \frac{1}{6} + \frac{1}{6} + \frac{1}{6} = 1$$

이상, 확률변수와 확률분포에 대해 정리해두자.

확률변수와 확률분포

다음 표의 X와 같이 각각의 값에 대해 확률이 정해져 있는 변수를 **확률변수**라고 한다.

X	x_1	x_2	x_3	$\cdots$	x_n
확률	p_1	p_2	p_3	$\cdots$	p_n

이때

$$0 \leq p_1,\ p_2,\ p_3,\ \cdots,\ p_n \leq 1$$

또한

$$p_1 + p_2 + p_3 + \cdots + p_n = 1 \qquad \cdots ①$$

이다. 위의 표처럼 확률변수가 가질 수 있는 확률의 대응을 나타낸 것을 **확률분포**라고 한다. 확률분포는 그래프로 나타내기도 한다.

시험 삼아 주사위를 두 번 던진 경우 나오는 수의 합을 X라고 했을 때의 확률분포를 구해보자. 눈이 나오는 방법은 전부해서

$$6 \times 6 = 36[가지]$$

나오는 눈의 합은 2~12. 각각의 경우의 수를 헤아려보면

• 나오는 눈의 합이 2: $(1,\ 1)$의 1가지 → 확률 $\dfrac{1}{36}$

• 나오는 눈의 합이 3: $(1,\ 2)$와 $(2,\ 1)$의 2가지 → 확률 $\dfrac{2}{36}$

(1, 1)	(1, 2)	(1, 3)	(1, 4)	(1, 5)	(1, 6)
(2, 1)	(2, 2)	(2, 3)	(2, 4)	(2, 5)	(2, 6)
(3, 1)	(3, 2)	(3, 3)	(3, 4)	(3, 5)	(3, 6)
(4, 1)	(4, 2)	(4, 3)	(4, 4)	(4, 5)	(4, 6)
(5, 1)	(5, 2)	(5, 3)	(5, 4)	(5, 5)	(5, 6)
(6, 1)	(6, 2)	(6, 3)	(6, 4)	(6, 5)	(6, 6)

- 나오는 눈의 합이 4: (1, 3)과 (2, 2)와 (3, 1)의 3가지 → 확률 $\frac{3}{36}$

  $\vdots$

나오는 눈의 합을 X, 확률을 P로 하여 표로 정리했다.

X	2	3	4	5	6	7	8	9	10	11	12
P	$\frac{1}{36}$	$\frac{2}{36}$	$\frac{3}{36}$	$\frac{4}{36}$	$\frac{5}{36}$	$\frac{6}{36}$	$\frac{5}{36}$	$\frac{4}{36}$	$\frac{3}{36}$	$\frac{2}{36}$	$\frac{1}{36}$

이것이 구하는 확률분포다. 그래프로 나타내면 아래와 같다.

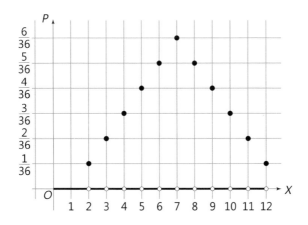

확률변수에도 평균이 있는데 이를 기댓값이라고 부른다.

15
기댓값

동전을 넣고 레버를 돌리면 캡슐에 든 사탕이 나오는 뽑기 기계
가 있다. 이 기계는 나오는 캡슐에 따라 들어 있는 사탕의 수가 다
르다. A는 과거 10회에 걸쳐서 나오는 사탕의 수를 기록했다. 아래
표는 그것을 정리한 것이다.

사탕 개수	1개	2개	3개	4개
횟수	1회	3회	5회	1회

1회당 평균을 구해보자.

$$평균 = \frac{1 \times 1 + 2 \times 3 + 3 \times 5 + 4 \times 1}{10} = \frac{26}{10} = 2.6 \, [개]$$

간단하다.

일반적으로 데이터 x가 x_1, x_2, x_3, ..., x_n의 어떤 값을 가지며,
각각의 횟수가 f_1, f_2, f_3, ..., f_n이라고 하면

x	x_1	x_2	x_3	$\cdots$	x_n
횟수	f_1	f_2	f_3	$\cdots$	f_n

데이터 x의 평균은

$$\bar{x} = \frac{x_1 f_1 + x_2 f_2 + x_3 f_3 + \cdots + x_n f_n}{N}$$

[단 N은 $N = f_1 + f_2 + f_3 + \cdots + f_n$으로 횟수의 합계를 나타낸다]

이 된다. Σ를 사용해서 나타내면

$$\bar{x} = \frac{1}{N} \sum_{k=1}^{n} x_k f_k$$

이다. 그런데 앞 페이지의 x와 횟수의 표는 확률분포의 표와 아주
비슷하므로 확률분포에 대해서도 완전히 똑같이 해보자.

확률변수 X의 확률분포가 다음과 같다고 하자.

X	x_1	x_2	x_3	$\cdots$	x_n
확률	p_1	p_2	p_3	$\cdots$	p_n

여기서 확률변수 X에 대하여 아래 식으로 정해진 $\bar{X}$를 생각한다.

$$\bar{X} = \frac{x_1 p_1 + x_2 p_2 + x_3 p_3 + \cdots + x_n p_n}{1}$$

[단 분모의 1은 $1 = p_1 + p_2 + p_3 + \cdots + p_n$ 확률의 합계를 나타낸다]

확률변수의 경우 확률을 전부 더하면 1이 되므로 분모가 1이 된
다는 것에 주의하자. $\bar{X}$를 Σ를 사용하여 나타내면 이렇다.

$$\overline{X} = \frac{1}{1}\sum_{k=1}^{n} x_k p_k = \sum_{k=1}^{n} x_k p_k$$

이 $\overline{X}$는 데이터의 평균과 완전히 똑같이 구할 수 있으므로 $\overline{X}$는 **확률변수의 평균**이라고 생각할 수 있다. 그리고(여기가 중요하다!) **확률변수의 평균**은 '**기댓값**'이라고도 부른다. 기댓값은 기대 'expectation'의 머리글자를 사용해 $E(X)$라고 나타내는 일이 많다.

정리하면 일반적으로 확률변수 X의 확률분포가 다음 표와 같이 정해져 있을 때

X	x_1	x_2	x_3	$\cdots$	x_n
확률	p_1	p_2	p_3	$\cdots$	p_n

확률변수 X의 기댓값(또는 평균)은 다음과 같이 정의된다.

확률변수 X의 기댓값(또는 평균)

$$E(X) = \sum_{i=1}^{n} x_i p_i = x_1 p_1 + x_2 p_2 + x_3 p_3 + \cdots + x_n p_n \qquad \cdots ②$$

주) Σ 기호에 k가 아니라 i를 사용하는 것은 확률·통계의 관습이며 다른 뜻은 없다.

오카다 교수

1장과 2장에서, 얻은 데이터를 정리하거나 분석하는 방법으로 평균, 분산, 표준편차를 구하는 것을 배웠다. 이들은 모두 확률

변수에 대하여도 정의되는데(분산, 표준편차는 뒤에서 이야기한다) 평균만은 '기댓값'이라는 별명을 갖고 있다.

	데이터	확률변수
평평하게 고른다	평균	평균=기댓값
분포 상태를 조사한다	분산	분산
	표준편차	표준편차

이 용어들을 확실히 정리해두지 않으면 나중에 혼란스러워지니 주의하자.

데이터는 모두 값이 정해져 있다. 한편 확률변수는 어떤 확률로 일어나는 사건에 대한 변수이므로 값이 정해져 있지 않다. 확률변수의 평균을 기댓값이라고 하는 것은 확률변수의 값을 실제로 관측해볼 때 '**평균적으로 기대되는 값**'이라는 의미다.

구체적인 예로 기댓값을 구해보자.

빨간 공이 10개, 파란 공이 20개, 노란 공이 30개 들어 있는 복주머니가 있다. 그런데 빨간 공이 나오면 600엔, 파란 공이 나오면 300엔을 받을 수 있지만 노란 공이 나오면 아무것도 받을 수 없다고 한다. 이 경우 상금으로 '평균적으로 기대되는 값'은 얼마로 예상되는가?

이 복주머니는 얻을 수 있는 상금이 600엔, 300엔, 0엔 중 하나로 정해져 있고 각 확률도 결정되어 있으므로 확률변수다.

각각의 공이 나올 확률은 다음과 같다.

$$\text{빨간 공이 나올 확률} = \frac{10}{60} = \frac{1}{6}$$

$$\text{파란 공이 나올 확률} = \frac{20}{60} = \frac{2}{6}$$

$$\text{노란 공이 나올 확률} = \frac{30}{60} = \frac{3}{6}$$

확률변수인 상금을 X엔이라고 하면 X는 다음과 같이 분포한다.

X	0	300	600
확률	$\frac{3}{6}$	$\frac{2}{6}$	$\frac{1}{6}$

정의에 따라 X의 기댓값을 구하면

$$E(X) = 0 \times \frac{3}{6} + 300 \times \frac{2}{6} + 600 \times \frac{1}{6} = \frac{1200}{6} = 200$$

이다.

이것에 의해 이 복주머니에서 기대되는 상금은 200[엔]이라는 것을 알 수 있다.

16
$aX+b$의 기댓값

확률변수 X에 대해 X를 a배(정수배)하고 거기에 b(정수)를 더한 새로운 확률변수 Y를 생각해보자. Y를 식으로 나타내면 이렇다.

$$Y = aX + b \quad [a,\ b\text{은 정수}]$$

뭔가… 본 적이 있다. 그렇다! Y는 X의 **1차함수**가 되어 있다. 이럴 때 Y의 **기댓값**(또한 **평균**)은 어떻게 될까?

먼저 X의 확률분포를 나타내는 표를 만들어보자.

X	x_1	x_2	x_3	$\cdots$	x_n
확률	p_1	p_2	p_3	$\cdots$	p_n

X가 위의 확률분포에 따를 때

$$y_i = ax_i + b \quad [i = 1,\ 2,\ 3,\ \dots,\ n]$$

이라고 하면 Y가 y_1의 값을 갖는 것은 X가 x_1의 **값을 가질 때이며**,

X가 x_1의 값을 가질 확률은 p_1이므로 (당연히) Y가 y_1의 값을 가질 확률도 p_1이다.

즉 확률분포의 표는 다음과 같다.

X	x_1	x_2	x_3	$\cdots$	x_n
확률	p_1	p_2	p_3	$\cdots$	p_n

$$\Downarrow$$

Y	y_1	y_2	y_3	$\cdots$	y_n
확률	p_1	p_2	p_3	$\cdots$	p_n

이와 같이 분포하는 확률변수 Y에 대해 $E(Y)$를 계산해보자.

$$E(Y) = \sum_{i=1}^{n} y_i p_i = \sum_{i=1}^{n} (ax_i + b)p_i$$

$$= \sum_{i=1}^{n} (ax_i p_i + b p_i)$$

$$= a\sum_{i=1}^{n} x_i p_i + b\sum_{i=1}^{n} p_i$$

$$= aE(X) + b$$

Σ의 분배법칙

$$\sum_{i=1}^{n} (pa_i + qb_i) = p\sum_{i=1}^{n} a_i + q\sum_{i=1}^{n} b_i$$

②에 의해 $\displaystyle\sum_{i=1}^{n} x_i p_i = E(X)$

①에 의해 $\displaystyle\sum_{i=1}^{n} p_i = p_1 + p_2 + p_3 + \cdots + p_n = 1$

자, 이렇게 사용해보면 Σ가 정말 편리하다! 결과를 정리해두자.

확률변수 X와 Y 사이에

$$Y = aX + b \quad [a, \ b는 \ 정수]$$

인 관계가 있을 때 다음 관계가 성립한다.

$$E(Y) = E(aX + b) = aE(X) + b \qquad \cdots ③$$

확률변수의 분산과 표준편차

2장에서 평균(기댓값)을 기준으로 한 데이터의 분포 상태를 조사하기 위해 **분산**과 그 양의 제곱근인 **표준편차**를 배웠다. 확률변수에서도 똑같이 사용할 수 있다. 앞에서 예로 든 복주머니의 확률분포로 확률변수 X의 분산을 구해보자.

X	0	300	600
p	$\frac{3}{6}$	$\frac{2}{6}$	$\frac{1}{6}$

분산은 '(값-평균)^{2}의 평균'이다. 그러므로 위의 확률분포표에 '$X - \overline{X}$'와 '$(X - \overline{X})^2$' 항목을 추가해보자. 여기서 '$\overline{X}$'는 X의 평균 (기댓값)을 나타낸다.

$$\overline{X} = E(X) = 200 \, [엔]$$

이었다.

X	0	300	600	$\overline{X} = 200$
$X - \overline{X}$	-200	100	400	
$(X - \overline{X})^2$	40000	10000	160000	
p	$\frac{3}{6}$	$\frac{2}{6}$	$\frac{1}{6}$	

X의 분산을 $V(X)$로 나타내면 $(X-\bar{X})^2$의 평균은 말하자면 $(X-\bar{X})^2$의 기댓값이므로 '$V(X)=E((X-\bar{X})^2)$'이다.

$$V(X) = E((X-\bar{X})^2)$$

$$= 40000 \times \frac{3}{6} + 10000 \times \frac{2}{6} + 160000 \times \frac{1}{6}$$

$$= \frac{300000}{6}$$

$$= 50000 \,[\text{엔}^2]$$

$E(X) =$
$x_1 p_1 + x_2 p_2 + x_3 p_3 + \cdots + x_n p_n$

또한 표준편차는 분산의 양의 제곱근이므로 X의 표준편차를 $s(X)$로 나타내면

$$s(X) = \sqrt{V(X)}$$

$$= \sqrt{50000} = 100\sqrt{5} = 223.606 \cdots [\text{엔}]$$

$\sqrt{5} = 2.2360679 \cdots$

가 된다.

확률변수의 분산과 표준편차를 일반화시켜두자.

주) V는 분산 'variance', s는 표준편차 'standard deviation'의 머리글자다.

확률변수의 분산과 표준편차

X	x_1	x_2	x_3	$\cdots$	x_n
p	p_1	p_2	p_3	$\cdots$	p_n

위 표와 같이 분포하는 확률변수 X에 대하여 그 분산 $V(X)$와 표준편

차 $s(X)$를 다음과 같이 정의한다.

$$V(X) = E((X - \overline{X})^2) = \sum_{i=1}^{n} (x_i - \overline{X})^2 p_i \qquad \cdots ④$$

$$s(X) = \sqrt{V(X)} \qquad \cdots ⑤$$

주〉 독자 여러분의 이해를 돕기 위해 $V(X)$의 오른쪽을 풀어놓는다.

$$\sum_{i=1}^{n} (x_i - \overline{X})^2 p_i = (x_1 - \overline{X})^2 p_1 + (x_2 - \overline{X})^2 p_2 + (x_3 - \overline{X})^2 p_3 + \cdots + (x_n - \overline{X})^2 p_n$$

Σ를 사용하면 (익숙해지기 전에는 어색하지만) 장황한 식을 짧고 명쾌하게 나타낼 수 있다.

오카다 교수

확률변수의 분산 $V(X)$나 표준편차 $s(X)$는 '확률변수가 갖는 값의 불규칙함'을 나타내는 것인데 '확률변수가 갖는 값의 불규칙함'이란 대체 무슨 의미인가? 앞에서도 썼듯이 관측될 값을 알고 있는 데이터와 달리 확률변수는 값이 확정되어 있지 않다.

"값이 확정되어 있지 않은데 '불규칙'한 것이 있나?"

이렇게 생각하는 사람이 적지 않을 것이다.

확률변수의 표준편차(나 그 제곱인 분산)**가 크다는 것**은 '불규칙함'이 크다는 것인데 이것은 **기댓값**(평균)**에서 벗어난 값이 나올 가능성이 있다**는 의미다.

로또를 예로 들면 로또는 각각의 당첨금액과 그것이 나올 확률이 정해져 있으므로 로또의 당첨금액은 전형적인 확률변수다. 서머 점보나 연말 점보 같은 대형 로또의 기댓값이나 표준편차를 계산해보면 기댓값은 약 130~150엔, 표준편차는 약 13만~16만 엔이 된다(해마다 다르다). 기댓값에 비해 상당히 표준편차가 크다.

이처럼 로또의 기댓값에 비해 표준편차가 커지는 것은 확률이 작은 것도 100만 엔, 1000만 엔, 경우에 따라서는 5억 엔 등, 기댓값에서 아주 벗어난 값이 나오는 경우가 있을 수 있기 때문이다.

또한 확률변수를 얻을 수 있는 값이 같은 경우라도 다음 예에 나오는 주사위 1(보통 주사위)과 주사위 2(3이나 4가 나오기 쉽고, 1이나 6이 나오기 힘든 이상한 주사위)를 비교하면 평균에 가까운 값이 나오기 쉬운 주사위 2가 주사위 1보다 표준편차와 분산이 더 작아진다.

주사위의 눈 X	1	2	3	4	5	6
주사위 1의 $P(X)$	$\frac{1}{6}$	$\frac{1}{6}$	$\frac{1}{6}$	$\frac{1}{6}$	$\frac{1}{6}$	$\frac{1}{6}$
주사위 2의 $P(X)$	$\frac{1}{24}$	$\frac{1}{8}$	$\frac{1}{3}$	$\frac{1}{3}$	$\frac{1}{8}$	$\frac{1}{24}$

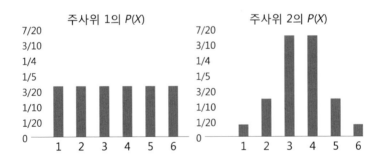

분산을 구하는 것은 일반적으로 번거로운데 계산을 약간 쉽게 하는 공식이 있었다(110쪽). 확률변수에도 똑같이 사용할 수 있다.

확률변수의 분산 계산 공식

$$V(X) = E(X^2) - \{E(X)\}^2 \quad \cdots \text{⑥} \qquad V = \overline{x^2} - \bar{x}^2$$

Σ를 사용한 증명을 소개한다.

$$V(X) = E((X - \bar{X})^2)$$

$$= \sum_{i=1}^{n} (x_i - \bar{X})^2 p_i$$

$$= \sum_{i=1}^{n} (x_i^2 - 2x_i\bar{X} + \bar{X}^2) p_i$$

$$= \sum_{i=1}^{n} (x_i^2 p_i - 2\bar{X} x_i p_i + \bar{X}^2 p_i)$$

Σ의 분배법칙

$$\sum_{i=1}^{n} (pa_i + qb_i) = p\sum_{i=1}^{n} a_i + q\sum_{i=1}^{n} b_i$$

$2\bar{X}$나 $\bar{X}^2$은 정수이므로 Σ 앞에 놓을 수 있다.

$$= \sum_{i=1}^{n} x_i^2 p_i - 2\bar{X} \sum_{i=1}^{n} x_i p_i + \bar{X}^2 \sum_{i=1}^{n} p_i$$

$$= \overline{X^2} - 2\bar{X} \cdot \bar{X} + \bar{X}^2 \cdot 1$$

$$= \overline{X^2} - 2\bar{X}^2 + \bar{X}^2$$

$$= \overline{X^2} - \bar{X}^2$$

$$= E(X^2) - \{E(X)\}^2$$

$$\sum_{i=1}^{n} x_i^2 p_i = \overline{X^2}$$

$$\sum_{i=1}^{n} x_i p_i = \bar{X}$$

$$\sum_{i=1}^{n} p_i = 1 \ (\text{①에 의해})$$

주) $\overline{X^2}$는 '제곱의 평균' $\bar{X}^2 = (\bar{X})^2$은 '평균의 제곱'이다.

이것을 증명할 수 있게 된다면 Σ는 다 배운 것이나 마찬가지다.

Σ는 익숙해지면 참으로 편리한 도구이므로 무서워하지 말고 꼭 도전해보자.

고생 많았습니다.

17
$aX + b$의 분산과 표준편차

그런데 앞에서와 마찬가지로 새로운 확률변수 Y가 X의 1차함수로서 '$Y = aX + b\,(a,\ b$는 정수)'로 나타날 때 Y의 분산이나 표준편차는 어떻게 될까? 이것도 Σ를 사용해 계산해보자. Y의 확률분포는 다음과 같다.

Y	y_1	y_2	y_3	$\cdots$	y_n
확률	p_1	p_2	p_3	$\cdots$	p_n

$$V(Y) = E((Y - \bar{Y})^2) = \sum_{i=1}^{n}(y_i - \bar{Y})^2 p_i \qquad \cdots ⑦$$

여기서

$$y_i = ax_i + b \quad [i = 1,\ 2,\ 3,\ ...,\ n]$$

또한 ③에 의해

$$\bar{Y} = E(Y) = aE(X) + b = a\bar{X} + b$$

이들을 ⑦에 대입한다.

$$V(Y) = E((Y - \overline{Y})^2) = \sum_{i=1}^{n} \left\{ (ax_i + b) - (a\overline{X} + b) \right\}^2 p_i$$

$$= \sum_{i=1}^{n} (ax_i + b - a\overline{X} - b)^2 p_i$$

$$= \sum_{i=1}^{n} (ax_i - a\overline{X})^2 p_i$$

$$= \sum_{i=1}^{n} \left\{ a(x_i - \overline{X}) \right\}^2 p_i$$

$$= \sum_{i=1}^{n} a^2 (x_i - \overline{X})^2 p_i$$

④에 의해
$$\sum_{i=1}^{n} (x_i - \overline{X})^2 p_i = V(X)$$

$$= a^2 \sum_{i=1}^{n} (x_i - \overline{X})^2 p_i = a^2 V(X)$$

⑤에 의해

$$s(Y) = \sqrt{V(Y)} = \sqrt{a^2 V(X)} = a\sqrt{V(X)} = a\, s(X)$$

임을 알 수 있다. 정리하자.

확률변수 X와 Y 사이에

$$Y = aX + b \quad [a,\ b \text{는 정수}]$$

의 관계가 있을 때, Y의 분산 $V(Y)$와 표준편차 $s(Y)$는 다음과 같다.

$$V(Y) = a^2 V(X) \qquad \cdots ⑧$$

$$s(Y) = a\, s(X) \qquad \cdots ⑨$$

분산이나 표준편차는 평균(기댓값)을 기준으로 한 불규칙한 상태를 나타내는 값이므로, **원래의 확률변수 X에 b(정수)를 더해도 영향은 없다.** 또한 원래의 확률변수를 a배(정수배)하면 불규칙한 상태도 a배(분산은 a^2배)가 된다. 그 모양을 확률분포의 그래프를 사용하여 파악해보자. 주사위를 두 번 던진 경우 나오는 눈의 합을 X로 했을 때의 확률분포를 사용한다.

이것을 X에 대해

$$Y = 2X + 3$$

이라는 새로운 확률변수를 만들어, 표와 그래프로 정리해본다.

X	2	3	4	5	6	7	8	9	10	11	12
$Y = 2X + 3$	7	9	11	13	15	17	19	21	23	25	27
확률	$\frac{1}{36}$	$\frac{2}{36}$	$\frac{3}{36}$	$\frac{4}{36}$	$\frac{5}{36}$	$\frac{6}{36}$	$\frac{5}{36}$	$\frac{4}{36}$	$\frac{3}{36}$	$\frac{2}{36}$	$\frac{1}{36}$

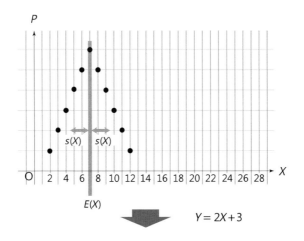

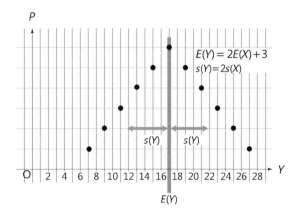

참고로 실제 계산해보면 X와 Y의 기댓값(평균), 분산과 표준편차는 다음과 같이 된다(계산 과정은 생략하지만 반드시 확인해보기 바란다).

$$E(X) = 7$$

$$V(X) = \frac{210}{36} = 5.833\cdots$$

$$s(X) = 2.415\cdots$$

$$E(Y) = 17 \qquad \boxed{Y = 2X+3}$$

$$V(Y) = \frac{840}{36} = 23.333\cdots$$

$$s(Y) = 4.830\cdots$$

18
확률변수의 표준화

이상의 성질을 사용하여 확률변수 X에서 다음과 같은 새로운 확률변수 Z를 만들어내는 것을 **확률변수의 표준화**라고 한다.

확률변수의 표준화

$$Z = \frac{X - E(X)}{s(X)} \qquad \cdots \text{⑩}$$

이런 Z를 만드는 것을 왜 '표준화'라고 할까? 그것은 Z의 기댓값이나 표준편차를 계산해보면 알 수 있다.

$$Z = \frac{1}{s(X)}X - \frac{E(X)}{s(X)}$$

$Y = aX + b$일 때
$E(Y) = aE(X) + b$

이므로 ③에 의해

$$E(Z) = \frac{1}{s(X)}E(X) - \frac{E(X)}{s(X)} = \frac{E(X) - E(X)}{s(X)} = 0$$

또한 ⑨에 의해

$$s(Z) = \frac{1}{s(X)} s(X) = 1$$

$Y = aX + b$일 때
$s(Y) = as(X)$

　그렇다! 어떤 확률변수 X에 대해서도 ⑩식으로 정해지는 Z를 만들면 **평균은 반드시 0, 표준편차는 1이 된다.** 이것은 평균이 0이고 표준편차가 1인 확률변수에 대해서만 다양한 성질을 조사해두면 다른 모든 확률변수에 그 결과를 응용할 수 있다는 뜻이다.

　'확률변수의 표준화'에 의해 우리는 선조들의 지혜나 계산 결과를 감사히 이용할 수 있는 것이다!…라고 말해도 아직 확 와 닿지 않는 사람이 많을 것이다. 이 '표준화'의 은혜를 느끼는 것은 이 책을 무사히 끝낸 여러분이 마침내 추론통계의 세계에 발을 들여놓을 때다. 그때를 기대하라!

19
합의 기댓값

이번에는 복수의 확률변수가 있을 때 그것의 **합의 기댓값**(평균)
이 어떻게 계산되는지를 알아보자. 여기에 x_1, x_2, x_3의 어떤 값을
갖는 확률변수 X와 y_1, y_2의 어떤 값을 갖는 확률변수 Y가 있다고
하자. 이 X, Y에 대해

$$Z = X + Y$$

라고 정의되는 새로운 확률변수 Z를 생각하기로 하자.

예를 들어 '$X = x_1$, 그리고 $Y = y_2$'가 되는 확률을 p_{12}라고 나타
내기로 하면 X, Y의 분포는 다음과 같다.

Z(=X+Y)의 값이
'$x_1 + y_1$'이 되는 확률
이 'p_{11}'이라는 의미

X／Y	x_1	x_2	x_3	계
y_1	p_{11}	p_{21}	p_{31}	v_1
y_2	p_{12}	p_{22}	p_{32}	v_2
계	u_1	u_2	u_3	1

이와 같이 X와 Y의 확률분포를 하나의 표로 정리한 것을 확률변수 X와 Y의 **동시분포**라고 한다. '$X = x_1$'이 되는 것은 '$X = x_1$ 그리고 $Y = y_1$'인 경우와 '$X = x_1$ 그리고 $Y = y_2$'인 경우가 있다. 이 두 경우는 상호배반(동시에 일어나지는 않는다)이라고 생각할 수 있으므로 '$X = x_1$'이 되는 확률을 u_1이라고 하면

$$u_1 = p_{11} + p_{12}$$

> 사건 A와 사건 B가 상호배반일 때
> $P(A \cup B) = P(A) + P(B)$

이다. 마찬가지로 '$Y = y_1$'이 되는 것은 '$X = x_1$ 그리고 $Y = y_1$', '$X = x_2$ 그리고 $Y = y_1$'과 '$X = x_3$ 그리고 $Y = y_1$'인 경우가 있다. 이들 세 경우 역시 상호배반이라고 생각할 수 있으므로 '$Y = y_1$'이 되는 경우의 확률을 v_1이라고 하면

$$v_1 = p_{11} + p_{21} + p_{31}$$

이다. 이상을 일반화하면

$$u_k = p_{k1} + p_{k2} \quad (k = 1,\ 2,\ 3) \qquad \cdots ⑪$$
$$v_1 = p_{1l} + p_{2l} + p_{3l} \quad (l = 1,\ 2) \qquad \cdots ⑫$$

이라고 쓸 수 있다.

X와 Y의 확률분포를 각각 따로 정리하면 다음과 같다.

X	x_1	x_2	x_3	계
확률	u_1	u_2	u_3	1

$$E(X) = x_1 u_1 + x_2 u_2 + x_3 u_3 \qquad \cdots ⑬$$

Y	y_1	y_2	계
확률	v_1	v_2	1

$$E(Y) = y_1 v_1 + y_2 v_2 \qquad \cdots ⑭$$

자, 여기까지를 준비 단계로 해 $E(Z) = E(X+Y)$ 를 계산해보자.

$$
\begin{aligned}
E(Z) &= E(X+Y) \\
&= (x_1 + y_1)p_{11} + (x_2 + y_1)p_{21} + (x_3 + y_1)p_{31} \\
&\quad + (x_1 + y_2)p_{12} + (x_2 + y_2)p_{22} + (x_3 + y_2)p_{32} \\
&= x_1(p_{11} + p_{12}) + x_2(p_{21} + p_{22}) + x_3(p_{31} + p_{32}) \\
&\quad + y_1(p_{11} + p_{21} + p_{31}) + y_2(p_{12} + p_{22} + p_{32}) \\
&= x_1 u_1 + x_2 u_2 + x_3 u_3 + y_1 v_1 + y_2 v_2 \\
&= E(X) + E(Y)
\end{aligned}
$$

⑪, ⑫에 의해

⑬, ⑭에 의해

마찬가지로 계산하면 x_1, x_2, x_3, …, x_n의 어떤 값을 갖는 확률변수 X와 y_1, y_2, y_3, …, y_m의 어떤 값을 갖는 확률변수 Y는

$$E(X+Y) = E(X) + E(Y) \qquad \cdots ⑮$$

가 성립하는 것을 확인할 수 있다.

여기까지 문자식만 나열해서 미안하다. 구체적인 예를 들어보자. X와 Y가 A의 수학과 영어 점수로 다음 분포를 따른다고 하자.

X	70	80	90	계
확률	$\frac{1}{4}$	$\frac{2}{4}$	$\frac{1}{4}$	1

Y	60	90	계
확률	$\frac{2}{3}$	$\frac{1}{3}$	1

주) 현실적으로는 시험 점수가 확률로 나오는 것은 부자연스럽다. 하지만 과거 40회의 실적에 있어서 70점이었던 것이 10회, 80점은 20회, 90점이었던 것이 10회였다고 하면 다음에 보는 41회째의 시험 점수를 표처럼 생각해도 그리 이상하지 않을 것이다.

X와 Y의 기댓값(평균)을 각각 구하면

$$E(X) = 70 \times \frac{1}{4} + 80 \times \frac{2}{4} + 90 \times \frac{1}{4} = \frac{70 + 160 + 90}{4}$$

$$= \frac{320}{4} = 80 \, [점] \qquad \cdots ⑯$$

$$E(Y) = 60 \times \frac{2}{3} + 90 \times \frac{1}{3} = \frac{120 + 90}{3} = \frac{210}{3} = 70 \, [점] \qquad \cdots ⑰$$

이다. X와 Y의 동시분포를 구하면 다음과 같다. 괄호 숫자는 수학과 영어 점수의 합계($X+Y$)다.

X \ Y	70	80	90	계
60	$\frac{2}{12}(130)$	$\frac{4}{12}(140)$	$\frac{2}{12}(150)$	$\frac{2}{3}$
90	$\frac{1}{12}(160)$	$\frac{2}{12}(170)$	$\frac{1}{12}(180)$	$\frac{1}{3}$
확률	$\frac{1}{4}$	$\frac{2}{4}$	$\frac{1}{4}$	1

다음으로 $X + Y$의 기댓값(평균)을 구하면

$$E(X+Y) = 130 \times \frac{2}{12} + 140 \times \frac{4}{12} + 150 \times \frac{2}{12}$$

$$+ 160 \times \frac{1}{12} + 170 \times \frac{2}{12} + 180 \times \frac{1}{12}$$

$$= \frac{260 + 560 + 300 + 160 + 340 + 180}{12} = \frac{1800}{12}$$

$$= 150\,[\text{점}]$$

이 된다. ⑯, ⑰에 의해 $E(X) = 80$, $E(Y) = 70$이므로

$$E(X) + E(Y) = 80 + 70 = 150\,[\text{점}]$$

확실히 ⑮식

$$E(X+Y) = E(X) + E(Y)$$

가 성립한다!

하지만 사실 이 식이란 결국

수학과 영어 합계점의 기댓값(평균)

=수학의 기댓값(평균)+영어의 기댓값(평균)

이라는 말에 불과하므로 당연하다면 당연한 결과다.

⑮식의 성질을 되풀이해 사용하면 합의 기댓값(평균)에 대해 일반적으로 다음 식이 성립한다.

확률변수 X_1, X_2, X_3, ..., X_n에 대하여

$$E(X_1 + X_2 + X_3 + \cdots + X_n)$$
$$= E(X_1) + E(X_2) + E(X_3) + \cdots + E(X_n) \qquad \cdots ⑱$$

20
곱의 기댓값

확률변수의 합의 기댓값(평균)에 대해서는 알게 되었다. 그러면 **곱의 기댓값**(평균)은 어떨까? 이번에는 x_1, x_2, x_3의 어떤 값을 갖는 확률변수 X와 y_1, y_2의 어떤 값을 갖는 확률변수 Y에 대해

$$Z = XY$$

라고 정의되는 새로운 확률변수 Z를 생각해보자.

X Y	x_1	x_2	x_3	계
y_1	q_{11}	q_{21}	q_{31}	v_1
y_2	q_{12}	q_{22}	q_{32}	v_2
계	u_1	u_2	u_3	1

$Z(=X \times Y)$의 값이 '$x_1 \times y_1$'이 되는 확률이 'q_{11}'이라는 의미

여기서 **만약 확률변수의 X와 Y가 상호 독립이라면**(주 참고) '$X = x_1$ 그리고 $Y = y_1$'이 될 확률 q_{11}은

$$q_{11} = u_1 v_1$$

이라고 계산할 수 있다.

주〉 확률변수가 가질 수 있는 모든 조합에 대해 사건의 독립이 성립할 때 '**확률변수가 독립이다**'라고 한다.

일반화하면

$$q_{kl} = u_k v_l \quad [k = 1,\ 2,\ 3 \quad l = 1,\ 2] \qquad \cdots ⑲$$

이다. 또한 ⑪, ⑫식과 마찬가지로 하면 다음과 같이 된다.

$$u_k = q_{k1} + q_{k2} \quad (k = 1,\ 2,\ 3)$$

$$v_l = q_{1l} + q_{2l} + q_{3l} \quad (l = 1,\ 2)$$

그러면 $E(Z) = E(XY)$ 를 계산한다.

$$
\begin{aligned}
E(Z) = E(XY) \\
= (x_1 y_1)q_{11} + (x_2 y_1)q_{21} + (x_3 y_1)q_{31} \\
+ (x_1 y_2)q_{12} + (x_2 y_2)q_{22} + (x_3 y_2)q_{32} \\
= x_1 y_1 u_1 v_1 + x_2 y_1 u_2 v_1 + x_3 y_1 u_3 v_1 \\
+ x_1 y_2 u_1 v_2 + x_2 y_2 u_2 v_2 + x_3 y_2 u_3 v_2 \\
= x_1 u_1 y_1 v_1 + x_2 u_2 y_1 v_1 + x_3 u_3 y_1 v_1 \\
+ x_1 u_1 y_2 v_2 + x_2 u_2 y_2 v_2 + x_3 u_3 y_2 v_2 \\
= (x_1 u_1 + x_2 u_2 + x_3 u_3)y_1 v_1 + (x_1 u_1 + x_2 u_2 + x_3 u_3)y_2 v_2
\end{aligned}
$$

⑲에 따라

$abcd = acbd$

314

$$= \overline{(x_1 u_1 + x_2 u_2 + x_3 u_3)}(y_1 v_1 + y_2 v_2) \qquad \boxed{\text{인수분해}}$$

$$= E(X)E(Y)$$

이상의 계산에서 중요한 점은 ⑲식이 성립하는 것, 즉 **X와 Y가 상호 독립**이라는 것이다. X와 Y가 독립이 아닌 경우는 ⑲식이 성립하지 않으므로 $E(XY) = E(X)E(Y)$는 있을 수 없다.

X와 Y인데 독립인 경우에는 x_1, x_2, x_3, $\cdots$, x_n의 어떤 값을 갖는 확률변수 X와 y_1, y_2, y_3, $\cdots$, y_m의 어떤 값을 갖는 확률변수 Y에 대해 위와 같이 계산하면 역시 $E(XY) = E(X)E(Y)$가 도출된다.

확률변수 X, Y가 상호 독립일 때

$$E(XY) = E(X)E(Y) \qquad\qquad \cdots ⑳$$

21
합의 분산

지금까지 알게 된 다음 '공식'을 사용하여 **확률변수 X, Y가 독립일 때의 '$X+Y$'의 분산 $V(X+Y)$를** 구해보자.

$$\begin{cases} E(aX+b) = aE(X)+b & \cdots ③ \\ V(X) = E(X^2) - \{E(X)\}^2 & \cdots ⑥ \\ E(X+Y) = E(X)+E(Y) & \cdots ⑮ \\ E(XY) = E(X)E(Y) & \cdots ⑳ \quad [X와\ Y가\ 독립일\ 때만] \end{cases}$$

⑥식에 의해 $V(X+Y)$는

$$V(X+Y) = E((X+Y)^2) - \{E(X+Y)\}^2 \qquad \cdots ㉑$$

으로 구할 수 있다. 약간 복잡하므로 둘로 나눠서 계산해보자.

$$E((X+Y)^2)$$

$$= E(X^2 + 2XY + Y^2)$$

$$= E(X^2) + E(2XY) + E(Y^2)$$

$$= E(X^2) + 2E(XY) + E(Y^2)$$

$$= E(X^2) + 2E(X)E(Y) + E(Y^2) \cdots ㉒$$

⟨⟩ $(a+b)^2 = a^2 + 2ab + b^2$

⟨⟩ ⑱에 의해 $E(A+B+C)$ $= E(A) + E(B) + E(C)$

⟨⟩ ③에 의해 $E(aX) = aE(X)$

⟨⟩ ⑳에 의해 $E(XY) = E(X)E(Y)$

$$\{E(X+Y)\}^2$$

$$= \{E(X) + E(Y)\}^2$$

$$= \{E(X)\}^2 + 2E(X)E(Y) + \{E(Y)\}^2 \cdots ㉓$$

⟨⟩ ⑮에 의해 $E(X+Y) = E(X) + E(Y)$

⟨⟩ $(a+b)^2 = a^2 + 2ab + b^2$

㉒와 ㉓을 ⑮에 대입하면…

$$V(X+Y)$$

$$= E((X+Y)^2) - \{E(X+Y)\}^2$$

$$= E(X^2) + 2E(X)E(Y) + E(Y^2)$$

$$\quad - [\{E(X)\}^2 + 2E(X)E(Y) + \{E(Y)\}^2]$$

$$= E(X^2) + 2E(X)E(Y) + E(Y^2)$$

$$\quad - \{E(X)\}^2 - 2E(X)E(Y) - \{E(Y)\}^2$$

$$= E(X^2) - \{E(X)\}^2 + E(Y^2) - \{E(Y)\}^2$$

$$= V(X) + V(Y)$$

⟨⟩ ⑥에 의해 $V(X) = E(X^2) - \{E(X)\}^2$

이상에 의해 확률변수 X, Y가 상호 독립일 때

$$V(X+Y) = V(X) + V(Y) \qquad \cdots ㉔$$

임을 알 수 있다.

㈜ 이 공식의 증명에는 ⑳식을 사용하고 있으므로 X와 Y가 독립일 때에만 성립하는 식이라는 것에 주의하자.

㉔식의 성질을 되풀이해 사용함으로써 합의 분산에 대해 일반적으로 다음과 같은 식이 성립한다.

확률변수 X_1, X_2, X_3, $\ldots$, X_n이 상호 독립일 때

$$V(X_1 + X_2 + X_3 + \cdots + X_n)$$
$$= V(X_1) + V(X_2) + V(X_3) + \cdots + V(X_n) \qquad \cdots ㉕$$

㉔식은 단순해 보이지만 이를 증명하기 위해서는 많은 '준비'가 필요했다! 다만 (여담이지만) 나는 이처럼 많은 과정을 거쳐 결론에 다다랐을 때일수록, 그리고 그 결론이 심플하면 심플할수록, '수학을 하길 정말 잘했다'라고 감동한다. 언제나 하는 말이지만 수학을 잘하게 되는 비결은 단 하나, **통째로 암기하는 버릇을 버리고 결과보다 과정을 보는 눈을 키우는 것**이다.

22
이항분포

지금까지는 확률분포에 대한 기본적인 성질을 이해하기 위해 간단한 분포만을 다루었는데 이제는 제각각인 데이터(이산형 데이터)의 확률분포로서 아주 중요한 **이항분포**에 대해 배워보자.

먼저 구체적인 예로 [연습 4–5]와 똑같은 설정을 사용한다. A와 B가 3회전까지 승부를 하는데 A가 1회의 승부에 이길 확률은 $\frac{2}{3}$ 다 (무승부는 없다). 이와 같은 경우 A가 이기는 횟수는 확률변수가 된다. 그러면 그 분포는 어떻게 될까?

A가 이기는 횟수를 X라고 하면 X는 0, 1, 2, 3 중 하나다. 각각의 확률을 반복시행의 확률을 사용해 구해보자.

(ⅰ) $X = 0$일 때 $\Rightarrow$ A가 3연패

$$_3C_0\left(\frac{2}{3}\right)^0\left(1-\frac{2}{3}\right)^3 = 1 \times 1 \times \frac{1}{27} = \frac{1}{27}$$

반복시행 $_nC_kP^k(1-p)^{n-k}$

$_nC_0 = 1,\ p^0 = 1$

(ii) $X = 1$일 때 $\Rightarrow$ A가 1승 2패

| | 1회전 | 2회전 | 3회전 | 확률 |

$_3C_1 = 3$
[가지]

○	×	×	$\left(\dfrac{2}{3}\right)^1 \left(\dfrac{1}{3}\right)^2$
×	○	×	$\left(\dfrac{2}{3}\right)^1 \left(\dfrac{1}{3}\right)^2$
×	×	○	$\left(\dfrac{2}{3}\right)^1 \left(\dfrac{1}{3}\right)^2$

$$_3C_1 \left(\frac{2}{3}\right)^1 \left(1 - \frac{2}{3}\right)^2 = 3 \times \frac{2}{3} \times \frac{1}{9} = \frac{6}{27}$$

(iii) $X = 2$일 때 $\Rightarrow$ A가 2승 1패

$$_3C_2 \left(\frac{2}{3}\right)^2 \left(1 - \frac{2}{3}\right)^1 = 3 \times \frac{4}{9} \times \frac{1}{3} = \frac{12}{27}$$

(iv) $X = 3$일 때 $\Rightarrow$ A가 3연승

$$_3C_3 \left(\frac{2}{3}\right)^3 \left(1 - \frac{2}{3}\right)^0 = 1 \times \frac{8}{27} \times 1 = \frac{8}{27}$$

X의 확률분포를 표로 정리하면 다음과 같다.

X	0	1	2	3
확률	$\dfrac{1}{27}$	$\dfrac{6}{27}$	$\dfrac{12}{27}$	$\dfrac{8}{27}$

이것을 이항계수를 사용한 계산식으로 써보면 다음과 같이 나타
난다.

X	0	1	2	3
확률	${}_3C_0\left(\dfrac{1}{3}\right)^3$	${}_3C_1\left(\dfrac{2}{3}\right)\left(\dfrac{1}{3}\right)^2$	${}_3C_2\left(\dfrac{2}{3}\right)^2\left(\dfrac{1}{3}\right)$	${}_3C_3\left(\dfrac{2}{3}\right)^3$

사실 이것은 **이항분포**의 대표적인 예다. 일반적으로 **성공확률 p 인 시행을 독립적으로 n 회 반복했을 때 성공 횟수 X의 확률분포 를, 확률 p에 대한 다음 수 n의 이항분포**(Binomial Distribution)라고 한다. 이때 $X = k(k = 0, 1, 2, ..., n)$가 될 확률은 n 회 중 k회는 성공(확률 p)하고 $n - k$회는 실패(확률 $1-p$)하는 반복시행의 확률이 되므로 다음과 같다.

$$ {}_nC_k p^k (1-p)^{n-k} \quad (k = 0, 1, 2, ..., n) $$

> **주〉** 앞의 예에 무승부는 생각하지 않으므로 결과는 이기느냐 지느냐뿐이었다. 일반적으로 '성공이냐 실패냐' '이기느냐 지느냐' '앞면이냐 뒷면이냐'와 같이 결과가 둘 중 하나가 되는 시행을 **베르누이 시행**(Bernoulli trial)이라고 한다. 베르누이 시행에서 한쪽 사건 이 일어날 확률(성공확률이라고 하는 일이 많다)을 알고 있을 때 이 시행을 n 회 반복했을 때 그 사건이 일어나는 횟수(성공 횟수)는 이항분포에 따른다.

이항분포를 정리하면 다음과 같다.

이항분포

X	0	1	2	...	n
확률	${}_nC_0(1-p)^n$	${}_nC_1 p(1-p)^{n-1}$	${}_nC_2 p^2(1-p)^{n-2}$	...	${}_nC_n p^n$

[단 p는 $0 < p < 1$인 정수]

이 확률분포를 성공확률 p와 시행횟수 n의 이항분포라고 하고

$$B(n,\ p)$$

라는 기호로 나타낸다.

주) 이항분포에서 $1-p=q$라고 하면 $X=k$가 되는 확률

'$_nC_k p^k (1-p)^{n-k}$'는 $(q+p)^n$의 이항정리

$$(q+p)^n = {}_nC_0 q^n + {}_nC_1 pq^{n-1} + {}_nC_2 p^2 q^{n-2} + \cdots + {}_nC_k p^k q^{n-k} + \cdots + {}_nC_n p^n$$

의 일반항과 일치한다. 이것이 '이항분포'라는 이름의 유래다. $B(n,\ p)$의 B는 '이항'의 영어 'Binomial'의 머리글자다.

기호를 사용하면 앞의 이항분포

X	0	1	2	3
확률	$_3C_0\left(\dfrac{1}{3}\right)^3$	$_3C_1\left(\dfrac{2}{3}\right)\left(\dfrac{1}{3}\right)^2$	$_3C_2\left(\dfrac{2}{3}\right)^2\left(\dfrac{1}{3}\right)$	$_3C_3\left(\dfrac{2}{3}\right)^3$

은 $B\left(3,\ \dfrac{2}{3}\right)$라고 쓸 수 있다.

이항분포에 따르는 확률변수 X의 기댓값(평균)이나 분산, 표준편차는 아주 단순하게 다음과 같이 된다는 것을 알고 있다.

확률변수 X가 이항분포 $B(n,\ p)$에 따를 때 X의 기댓값(평균)과 분산은 다음과 같다.

기댓값(평균) :　$E(X) = np$　$\cdots$ ㉖

분산　　 :　$V(X) = np(1-p)$　$\cdots$ ㉗

표준편차　 :　$s(X) = \sqrt{np(1-p)}$　$\cdots$ ㉘

구체적인 예로 이것들이 옳은지 확인해보자. $n = 3$이라고 하고 $B(3, p)$인 다음과 같은 이항분포가 있다고 하자.

X	0	1	2	3
확률	${}_3C_0(1-p)^3$	${}_3C_1p(1-p)^2$	${}_3C_2p^2(1-p)$	${}_3C_3p^3$

이것은 앞의 예(3회전 중 A가 이기는 횟수가 X회)에서 A가 이길 확률을 p라고 했을 때의 확률분포다.

여기서 잠깐 생각해보자. X와는 별도로 A가 1회전, 2회전, 3회전의 각각에 이기는 횟수로서 X_1, X_2, X_3이라는 3개의 새로운 확률변수를 준비한다. 1회의 시합에서 A가 이길 횟수는 0회 또는 1회이므로(당연할 것이다) X_1, X_2, X_3 각각이 얻을 수 있는 값은 0이나 1밖에 없다. 즉 $X_i(i = 1, 2, 3)$의 확률분포는 i에 의하지 않고

X_i	0	1
p	$1-p$	p

이 된다.

$X_i(i = 1, 2, 3)$의 기댓값(평균)과 분산을 구해둔다.

$$E(X_i) = 0 \cdot (1-p) + 1 \cdot p = p$$

$$V(X_i) = (0-p)^2 \cdot (1-p) + (1-p)^2 \cdot p \qquad \boxed{V(X_i) = E((X_i - \bar{X})^2)}$$

$$= p^2(1-p) + (1-p)^2 p$$

$$= p(1-p) \cdot p + p(1-p) \cdot (1-p)$$

$$= p(1-p)\{p+(1-p)\}$$
$$= p(1-p)$$

$$p+(1-p)=1$$

이상에서

$$E(X_i) - p \qquad (i = 1, 2, 3) \qquad \cdots ㉙$$

$$V(X_i) = p(1-p) \quad (i = 1, 2, 3) \qquad \cdots ㉚$$

임을 알았다. 여기서

$$X = X_1 + X_2 + X_3$$

에 주의하면 X의 기댓값(평균)이나 분산의 계산에 ⑱식과 ㉕식을 사용할 수 있다.

> 주) 예를 들어 A가 1시합과 3시합에서 이겨서 2승을 했을 경우는
> $$X_1 = 1, \, X_2 = 0, \, X_3 = 1$$
> 에 해당하고, 다음과 같이 된다.
> $$X = X_1 + X_2 + X_3 = 1 + 0 + 1 = 2$$

⑱식에 의해

$$E(X_1 + X_2 + X_3 + \cdots + X_n) = E(X_1) + E(X_2) + E(X_3) + \cdots + E(X_n)$$

이므로

$$E(X) = E(X_1 + X_2 + X_3)$$

$$= E(X_1) + E(X_2) + E(X_3)$$

$$= p + p + p$$

$$= 3p$$

㉙에 의해

또한 각 시행이 상호 독립인 것은 이항분포의 전제이므로 ㉕식에 의해

$$V(X_1 + X_2 + X_3 + \cdots + X_n) = V(X_1) + V(X_2) + V(X_3) + \cdots + V(X_n)$$

> 주) 예를 들어 지금의 경우 A가 각 시합에서 이길지 어떨지는 다른 시합의 영향을 받지 않는다. ← 첫 시합에 이기면 두 번째 이후에는 여유가 생기겠지, 하는 생각은 접어두자.

이것을 사용하여

$$V(X) = V(X_1 + X_2 + X_3)$$

$$= V(X_1) + V(X_2) + V(X_3)$$

$$= p(1-p) + p(1-p) + p(1-p)$$

㉚에 의해

$$= 3p(1-p)$$

물론 표준편차는

$$s(X) = \sqrt{V(X)} = \sqrt{3p(1-p)}$$

가 된다.

이상은 ㉖~㉘식에서 $n = 3$인 경우에 성립함을 확인하였다.

물론 X_i의 i에 '$i = 1, 2, 3, ..., n$'을 생각하면 위와 완전히 똑같이 하여 ㉖~㉘식을 이끌어낼 수 있다.

지금까지 정말 고생 많았다.

마지막에 배운 이항분포의 n을 한없이 크게 해가면 연속형 데이터의 분포로서 가장 중요한 정규분포로 이어진다. 다음 장에서는 이것을 확실하게 이해하기 위해 극한과 미적분에 대해서(개론은 아니지만) 이야기할 것이다.

자, 고지가 바로 저기다!

5장

연속 데이터
분석을 위한 수학

4장 마지막에 나온 이항분포의 $B\left(3, \dfrac{2}{3}\right)$ 를 (엑셀을 사용하여) 그래프로 그려보면 다음과 같다.

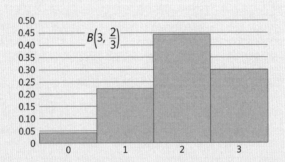

이번에는 시험 삼아 $B\left(n, \dfrac{2}{3}\right)$ 의 n 에 30을 대입한 그래프도 그려보자.

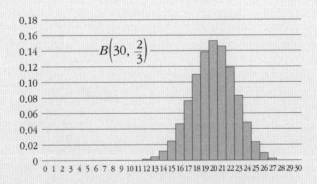

다음은 100을 대입한 그래프다. 그래프의 모양이 조금씩 종을

엎어놓은 것같이 되지 않는가?

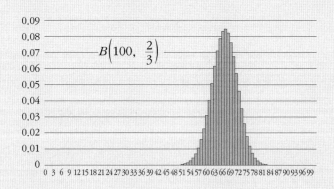

이항분포의 그래프는 n을 크게 하면 점점 아래 그래프와 같이 매끄러운 곡선에 가까워진다.

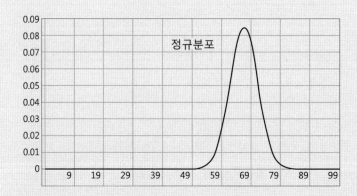

사실 이 곡선이야말로 연속하는 데이터의 분포에서 가장 중요한 **정규분포**다.

이번 장에서는 생물의 키나 시간과 같은 연속형 데이터를 통계적으로 다루는 기법을 배우는데, 완전히 새로운 건 아니다. 제각각인 데이터(이산형 데이터)의 수가 한없이 커질 때의 이른바 **극한**(極限)을 생각함으로써 앞장에서 배운 많은 것을 응용한다.

또한 이번 장에서 미분은 거의 다루지 않고 **적분의 개념만을 배운다.** 실제로 적분을 계산할 수 있게 되려면 미분이 필요하지만, 통계의 경우 중요한 적분 계산은 우리 선조들이 다 해놓았다. 우리는 감사히 그 결과를 이용하기로 하자.

이번 장에서도 전체의 흐름도를 제시해둔다.

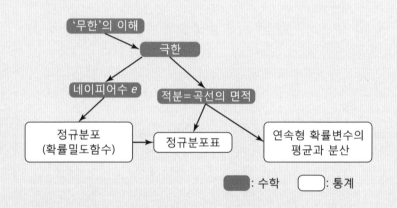

3장과 4장만큼 어렵지는 않으니 걱정하지 말자.

이번 장에서는 **정규분포**를 나타내는 확률밀도함수에 얼굴을 내미는 '네이피어수(자연로그의 밑) e'를 이해하는 것, 그리고 적분이라는 계산법에 의해 곡선으로 둘러싸인 도형의 면적이 구해지는 것을 안 다음, 4장의 이산형 확률변수의 극한에서 **연속형 확률변수의 평균과 분산**을 직감적으로 끌어내는 것이 목표다.

01
'무한'의 이해

$$x = 2.999 \cdots$$

이것은 3일까, 아니면 절대 3이 될 수 없는 수일까? 한 학생이 이런 의문을 제시하며 다음의 풀이로 생각하면 3이라고 할 수 있지 않느냐고 물어왔다.

먼저 이것을 10배 하면

$$10x = 29.999 \cdots$$

이다. 양쪽의 차를 빼면

$$
\begin{aligned}
10x &= 29.999 \cdots \\
- \quad x &= 2.999 \cdots \\
\hline
9x &= 27
\end{aligned}
$$

$$\therefore \ x = \frac{27}{9}$$

$$= 3$$

따라서

$$x = 2.999\cdots = 3$$

이상에 의해 '2.999…'는 '거의 3'이 아니라 '**완벽하게 3**'이 아
닐까 하는 것이 이 학생의 생각이었다. 수학은 주어진 문제를 주어
진 해법에 따라 풀기만 해서는 결코 잘할 수 없다. 이 학생처럼 스
스로 의문을 갖고 자신의 손과 머리를 사용해 풀어보아야 비로소
'수학뇌'가 성장한다. 심지어 위의 의문은 '극한'이라는 것의 본질
에 관한 탐구이기도 하므로 아주 의미 있는 질문이다.

서두가 너무 길었다. 질문에 답을 해보자.

0.999…=1 또는 0.999…≒1?

2.999…와 같이 소수점 이하에 같은 숫자가 영원히 반복되는 수
를 **순환소수**라고 한다. 순환소수는 〈수학Ⅰ〉의 '실수' 단원에서 배
우는데 위 학생의 생각은 순환소수의 값을 구하는 전형적 해법이
다. 하지만 뭔가 속은 느낌이 든다. 이렇게 말하는 나도 처음 이
해법을 배웠을 때는 그랬다. 하지만 결코 속이는 게 아니다. 정말로
2.999…는 '거의 3'이 아니라 '**완벽하게 3**'이다.

좀 더 자세히 설명해보자.

2.999…는

$$2.999\cdots = 2 + 0.999\cdots$$

로 분해할 수 있으므로 '2.999…는 완벽하게 3이다'와 '0.999…는 완벽하게 1이다'는 같은 의미다.

$$0.999\cdots = 1$$

이다. 여기서 "아니, '엄밀하게는' 0.999…는 1보다 약간 작잖아?" 하고 생각하는 마음은 충분히 이해한다. 실제로

$$0.9 < 1$$
$$0.99 < 1$$
$$0.999 < 1$$
$$0.99\cdots 9 < 1$$

이기 때문이다. 그런데 지금 '어라?'라고 한 사람은 예리한 것이다. 그렇다.

$$0.99\cdots 9 < 1$$

인데

$$0.999\cdots = 1$$

이다. 이 둘은 아주 비슷하지만 사실은 '…'의 의미가 다르다.
'0.99…9'의 '…'은 '모두 쓸 수 없을 정도로 많은 9(하지만 쓰려고 하면 쓸 수 있다)라는 의미인데 비해 '0.999…'의 '…'은 '한없이 9가 계속된다(아무리 노력해도 다 쓸 수 없다)'라는 의미다. 달리 말하면

'0.99…9'의 '…'은 유한한 9를

'0.999…'의 '…'은 무한한 9를

나타낸다는 말이다. 혼란스러울 것이다. 똑같은 '…'를 사용하는데 의미가 다르니까 말이다.

결국 0 뒤의 소수점 이하에 9가 유한 개 계속되는 수는(그것이 아무리 많이 늘어선다 해도) 1보다 작지만 **0 뒤의 소수점 이하에 9가 한없이 계속되는 수는 1과 같아지는 것이다!**라는 말을 듣고 "아아, 그렇구나!"라고 생각한 사람은 '무한'을 올바르게 이해하고 있다. 이 뒤의 몇 쪽은 읽지 않고 넘어가도 된다. 한편 "뭐? 그렇단 말이야?"라고 머릿속이 물음표로 가득 차는 당신! 당신은 고등학교 때의 나와 똑같다. 당시에는 나도 무한을 올바르게 이해하지 못했다.

무한이란

애초에 '무한'이란 무엇일까? 많은 사람이 '끝이 없는 것이겠지'라고 직감적으로 '이해'하고 있다. 그리고 무한대(∞)라고 하면 어떤 수보다도 큰 수(또는 아주 큰 수)라고 막연히 생각한다. 하지만 이런 인상만으로는 '0.999…=1'을 이해할 수 없다.

실은 무한을 엄밀하게 다루는 것은 아주 어려운 문제다. 여담이지만 위대한 수학자 가우스는 무한을 엄밀히 정의하는 것의 어려움을 일찍이 깨닫고 "나는 무한이라는 것을 어떤 완결된 것으로 다루는 것에 반대한다. 그것은 수학에서는 결코 허락되지 않는다. 어디까지나 **'무한히 커져간다'라는 과정**으로서 사용하는 것이다"라고 말했다.

주) 19세기에 칸토르(G. Cantor, 1845~1918)는 무한 자체를 파악하기 위해 집합론을 생각했으며, 바이어슈트라스(Karl Theodor Wilhelm Weierstraß, 1815~1897)는 무한소나 무한대라는 개념을 제시하지 않고 수렴이나 연속을 논할 수 있도록 이른바 '$\varepsilon-\delta$(입실론−델타) 논법'을 완성시켰다.

사실 나는 섣불리 무한 이야기에 덤벼들었다간 큰 코 다치게 되므로 별로 다루고 싶지 않지만, 오해를 두려워하지 않고 쓰자면 무한대란 다음 그림과 같은 이미지다.

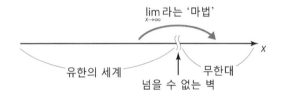

유한의 수를 아무리 크게 해도 무한대는 되지 않는다는 것에 주의하자. 예를 들어 1조의 1조제곱은 이름조차 없는 엄청나게 큰 수다. 하지만 무한대는 아니다(우주의 크기 역시 무한대는 아니다). **유한의 세계와 무한대는 연결되어 있지 않기** 때문이다. 이 둘 사이에는 '넘을 수 없는 벽'이 있다.

그리고 이 벽을 뛰어넘는 마법 같은 도구가 '**극한(limit)**'이다. 'x를 (유한의 벽을 뛰어넘어) 한없이 크게 한다'는 것을

$$\lim_{x \to \infty}$$

라는 기호를 사용하여 나타낸다.

02
극한

갑작스럽지만 여기서 일반항이

$$a_x = 1 - \frac{1}{x}$$

인 수열을 생각해보자. x에 2, 4, 8, 16…을 대입해가면

$$x = 2: \quad a_2 = 1 - \frac{1}{2} = 1 - 0.5 = 0.5$$

$$x = 4: \quad a_4 = 1 - \frac{1}{4} = 1 - 0.25 = 0.75$$

$$x = 8: \quad a_8 = 1 - \frac{1}{8} = 1 - 0.125 = 0.875$$

$$x = 16: \quad a_{16} = 1 - \frac{1}{16} = 1 - 0.0625 = 0.9375$$

이다. 표로 정리하자.

x	2	4	8	16	…
a_x	0.5	0.75	0.875	0.9375	…

이를 그래프로 그려보자(가독성을 생각해 세로축 눈금 폭을 확대했다).

한눈에 알 수 있듯이 a_x는

$$y = 1 - \frac{1}{x}$$

로 x를 크게 해가면 $a_x(=y)$는 **명백하게 1에 가까워진다.**

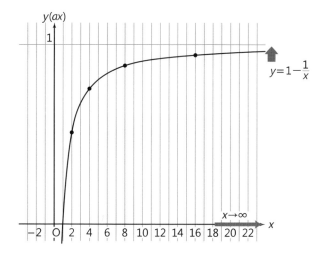

아주 큰 수를 x에 대입하면 $\frac{1}{x}$은 0에 가까워지니 당연하다면 당연하다. 단 **아무리 x를 크게 해도 $\frac{1}{x}$이 완전히 0이 되는 일은 없다.** 즉 충분히 큰 x에 대해

$$\frac{1}{x} \fallingdotseq 0$$

이기는 하지만

$$\frac{1}{x} = 0$$

은 아니다.

x를 한없이 크게 해가면 $\frac{1}{x}$이 한없이 '0'에 가까워진다는 것은 명백하므로 이를 '거의 0'이라고밖에 표현 못하는 건 아무래도 찜찜하다.

그래서 **새로운 표현 방법을 도입**한다. 그것이 **극한**(limit)이다!

극한

'x를 한없이 크게 하면 함수 $f(x)$의 값이 정수 p에 한없이 가까워지는' 것을

$$\lim_{x \to \infty} f(x) = p$$

라고 표현한다. 또한 이때의 p를 $f(x)$의 극한값이라고 한다.

이 표현을 사용하면

$$f(x) = 1 - \frac{1}{x}$$

일 때 다음과 같이 된다.

$$\lim_{x \to \infty} f(x) = \lim_{x \to \infty} \left(1 - \frac{1}{x}\right) = 1$$

다시 한 번 말하지만, 위의 $f(x)$가 1이 되는 일은 절대로 없다. '$\lim_{x \to \infty} f(x) = 1$'이라는 **표현은 전체적으로 '$x$를 끝없이 크게 해가면 $f(x)$는 한없이 1에 가까워진다는 의미의 수식 표현**이며, 결코 'x를 크게 해가면 $f(x)$는 언젠가 1이 된다'는 뜻은 아니다.

예를 들어 1kg의 케이크를 x명이 나누는 것을 생각해보자. x가 커지면(사람 수가 많아지면) 1인당 케이크의 양은 당연히 작아진다. 아무리 사람 수가 늘어도 그 양이 0g은 되지 않지만 x를 한없이 크게 하면 1인당 케이크의 양이(0.1g도, −1g도 아닌) 0g에 한없이 가까워지는 것은 명백하다. 이를 극한으로 표현하면 다음과 같다.

$$\lim_{x \to \infty} (x\text{명이 나눈 1인당 케이크의 양}) = 0 \ [\text{g}]$$

극한을 사용할 수 있는 것은 '$x \to \infty$'일 때만은 아니다. 'x를 끝없이 정수 a에 가까워지게 하면 함수 $f(x)$의 값이 정수 p에 한없이 가까워진다'는 것도 다음과 같이 나타낸다.

$$\lim_{x \to a} f(x) = p$$

이것을 적용시켜서 1kg의 케이크를 x명이 나눌 때 x가 '5 → 6 → 7 → 8 → 9…'로 '10'에 가까워지는 경우를 생각해보자. 1명당 케이크의 양은 '200g → 약 167g → 약 143g → 125g → 약 111g…'으로 '100g'에 가까워진다(당연한 말이다). 이럴 때도 극한을 사용할 수 있어서

$$\lim_{x \to 10} (x\text{명이 나눈 1인당 케이크의 양}) = 100\,[\text{g}]$$

과 같이 쓸 수 있다. 수학적으로는

$$\lim_{x \to \infty} \left(1 - \frac{1}{x}\right) = 1$$

도

$$\lim_{x \to 1} \left(1 - \frac{1}{x}\right) = 0$$

도 올바른 표현이다.

극한의 해석에서 혼란은 '$\lim_{x \to a} f(x) = p$'의 '='를 초등학교에서부터 배워 사용하는 '2+3=5'의 '='와 같은 것으로 보는 데에서 비롯된다.

다시 말하지만, '$\lim_{x \to a} f(x) = p$'는 전체적으로 'x를 한없이 a에 가깝게 하면 $f(x)$는 한없이 p에 가까워진다'라는 사실을 나타내는 표현이다. 그 표현의 일부에 우연히 '2+3=5'의 '='와 같은 기호가 사용되고 있을 뿐이라고 생각하자.

'$\lim_{x \to a} f(x) = p$'란 '$x \to a$일 때 $f(x) \to p$'를 의미하며 '$x = a$일 때 $f(x) = p$'를 뜻하는 것이 아니다.

그러면 여기서 수수께끼 하나.

"극한이라고 쓰고 대입 합격이라고 읽는다. 그 마음은?"

"가까워지는 것은 명백하지만 도달할 수 있을지는 알 수 없다."

극한이란 실제 그 값이 될지 안 될지는 상관없이 한없이 가까워지는 값이 확실히 있음을 나타내기 위한 표현이라는 것을 명심하자.

예제 5-1 순환소수 $0.999\cdots$에 대하여

$$0.999\cdots = 1$$

이 되는 것을 극한을 사용하여 설명하라.

해설

$$0.999\cdots = 0.9 + 0.09 + 0.009 + \cdots$$

라고 생각하면 우변은 첫 항이 0.9, 공비가 0.1이고, 항수는 ∞(소수점 이하 가 영원히 계속된다)의 등비수열의 합이 된다. 등비수열의 합의 공식에 의해

$$0.999\cdots = \frac{0.9(1 - 0.1^{\infty})}{1 - 0.1}$$
$$= \frac{0.9(1 - 0.1^{\infty})}{0.9}$$
$$= 1 - 0.1^{\infty}$$

> **등비수열의 합의 공식**
> $$S_n = \frac{a_1(1 - r^n)}{1 - r}$$

이다. 단 '0.1^{∞}'라고 쓰는 방식은 수학에서는 허용되지 않는다. 이렇게 쓰면 '∞'가 숫자처럼 보이기 때문이다. 가우스도 말했듯이 ∞를 '완결된 것'='정해진 수'로 생각하지는 말자. 어디까지나 ∞는 '$x \to \infty$'와 같이 **'넘을 수 없는 벽'을 넘어서 한없이 커진다**는 동적인 이미지로 취급해야 하기 때문이다. 즉 '0.1^{∞}'는

$$\lim_{n \to \infty} 0.1^n$$

이라고 써야만 한다. 결국 $0.999\cdots$는 다음과 같이 쓸 수 있다.

$$0.999\cdots = 1 - \lim_{n \to \infty} 0.1^n$$

0.1을 몇 번이나 곱하면 점점 작아진다. 즉 'n을 끝없이 크게 하면 0.1^n이 한없이 0에 가까워진다'는 것은 명백하다. 이것을 수식으로 나타내보자.

$$\lim_{n \to \infty} 0.1^n = 0$$

이상에 의해 다음과 같은 결론이 나온다.

$$0.999\cdots = 1 - \lim_{n \to \infty} 0.1^n = 1 - 0 = 1$$

이해가 되었는가?

결국 '$0.999\cdots=1$'은 '0 뒤에 있는 소수점 이하에 9를 끝없이 계속해가면 1에 한없이 가까워진다'는 것을 나타내는 **극한의** (치졸한) **표현**이다. 단 앞에서도 썼듯이 '$\cdots$'가 '많은(그러나 유한 개의) 9가 계속된다'는 것을 나타내는 경우도 있으므로 혼동하기 쉬워서 종종 오해를 낳기도 한다.

자, 이제 '네이피어수(자연로그의 밑) e'의 설명에 들어간다. 지금까지 통계책을 읽다가 표준정규분포를 나타내는

$$f(x) = \frac{1}{\sqrt{2\pi}} e^{-\frac{x^2}{2}}$$

이라는 수식을 보고는 "도대체 이 e는 뭐지?"라고 생각한 적 없는가? 사실 이 e는 통계는 물론 수학 전체나 과학 전체에서 아주 중요한 정수다. 그리고 그 정의에는 극한이 등장한다.

03
네이피어수 e

네이피어수 e 를 정의하기 전에 다음 일반항의 수열을 생각해보자.

$$b_n = \left(1 + \frac{1}{n}\right)^n$$

'$1 + \frac{1}{n}$'의 부분은 n이 커지면 커질수록 '1'에 가까워지는데 b_n
은 그것을 n제곱한 수다. 즉 n을 한없이 크게 하면 b_n은 '한없이
1에 가까운 수를 한없이 몇 번이고 곱한 수'가 된다. 그러면 b_n은
마침내 뭔가의 값에 가까워짐을 직감할 수 있을 것이다.

물론 '그렇게 생각할 수 없다'는 의견도 당연히 있을 수 있다.
실제로 해보자.

아래 표는 n에 10, 100, 1000, 10000, …을 대입(전자계산기)한
값의 결과다.

n	10	100	1000	10000	100000	…
b_n	2.59374…	2.70481…	2.71692…	2.71814…	2.71826…	…

아무래도 $n \to \infty$일 때 b_n은 어느 일정한 값(2.718⋯)에 가까워지는 것 같다. 사실 n을 끝없이 크게 하면 위 식의 b_n은 어떤 정수에 한없이 가까워지는 것을 알고 있다(우리 선조님들이 조사해주셨다). 이 정수를 e로 나타내기로 하면

$$\lim_{n \to \infty} b_n = \lim_{n \to \infty} \left(1 + \frac{1}{n}\right)^n = e$$

이다. e를 **네이피어수**(Napier's constant) 또는 **자연로그의 밑**이라고 한다. e는 π나 $\sqrt{5}$ 등과 마찬가지로 분수로 나타낼 수 없는 수(무리수)이며 그 값은

$$2.71828182845904523536\cdots$$

이라고 알려져 있다.

> **네이피어수(자연로그의 밑) e**
>
> 다음 극한으로 정의되는 정수 e를 네이피어수 또는 자연로그의 밑이라고 한다.
>
> $$\lim_{n \to \infty} \left(1 + \frac{1}{n}\right)^n = e$$

여담이지만(가볍게 읽어보자), e는 뒤에 나오는 정규분포뿐만 아니라 자연과학의 모든 현상에 얼굴을 내밀고 있다. 왜일까?

실은 놀랍게도 이 e를 밑으로 하는 지수함수 'e^x'은 미분을 해도 모양이 바뀌지 않는다. 즉 'e^x'을 미분하여 얻어지는 함수(도함수)는 마찬가지로 'e^x'이며 적분은 미분의 역연산이므로 'e^x'을 적분하여 얻어지는 함수(원시함수)도 역시 'e^x'이다.

한편 세상의 수많은 현상은 미분방정식으로 나타난다. 평범하게 말하면(너무 평범한 말이지만), 자연계의 현상을 해명하려 할 때 우리는 대개 다양한 함수를 미분하거나 적분하여 미분방정식을 세우고 그것을 적분하여 '해'를 구한다. 그 계산 도중에 다른 함수는 모양이 바뀌지만 'e^x'만은 몇 번을 미분해도, 몇 번을 적분해도 계속 형태가 같다.

이것이 자연계의 현상을 해명한 '해'나 그 방정식의 대부분에 'e'가 포함되는 이유다.

그밖에도 '$y = e^x$'으로 나타내어진 지수함수인 $x = 0$에 있어서 접선의 기울기는 '1'이 되거나([연습 5-2]), x가 0에 가까울 때는 'e^x'은 '$1 + x$'라는 아주 단순한 1차함수와 비슷하게 되거나, 제곱을 사용하여

$$ e = \sum_{n=0}^{\infty} \frac{1}{n!} = 1 + \frac{1}{1!} + \frac{1}{2!} + \frac{1}{3!} + \cdots + \frac{1}{n!} + \cdots $$

라는 아름다운 식으로 정의할 수 있거나, 아무튼 e는 불가사의하고 특별한 수다. 그런 의미에서 **네이피어수 e는 π와 쌍벽을 이루는 참으로 중요한 수학 정수**이며, 신이 내려준 수라고 해도 과언이 아

니다.

네이피어수의 기호 e는 그 본질을 처음으로 밝혀낸, 유명한 수학자 레오나르도 오일러(Leonhard Euler, 1707~1783)의 머리글자에서 유래한다.

주) 오일러 공식(그냥 구경만 해도 된다)

$$e^{i\theta} = \cos\theta + i\sin\theta$$

는 '인류 역사상 가장 아름다운 수식'이라 불리며 물리학자 파인만(Richard Feynman, 1918~1988)은 '우리들의 보배'라고 했다.
오일러 공식의 θ에 π를 대입하면

$$e^{i\pi} + 1 = 0$$

이라고 변형할 수 있는데, 이것은 e(네이피어수)와 i(허수 단위)와 π(원주율)와 1(제곱법의 항등원)과 0(덧셈의 항등원)이라는 수학의 근간을 이루는 아주 중요한 수들의 관계를 나타낸다.

예제 5–2 다음 극한을 네이피어수 e를 사용하여 나타내라.

$$\lim_{h \to 0} (1 + 2h)^{\frac{1}{h}}$$

해설

e의 정의식은

$$\lim_{n \to \infty} \left(1 + \frac{1}{n}\right)^n = e$$

였다. 포인트는 '$n \to \infty$'라는 것과, 세 군데의 회색 부분이 같은 'n'이라는 것이다. 주어진 식을 이것에 접근시킨다. 먼저

$$h = \frac{1}{n}$$

이라고 하자. 이렇게 하면 '$n \to \infty$'일 때 '$h \to 0$'이라는 것은 명백하므로 '$n \to \infty$'와 '$h \to 0$'은 같다(같은 값이다). 세 군데의 회색 부분을 같은 '$\frac{n}{2}$'으로 하기 위해 다음과 같이 변형한다. '$n \to \infty$'일 때 '$\frac{n}{2} \to \infty$'라는 것에 주의하면

$$\lim_{h \to 0}(1 + 2h)^{\frac{1}{h}} = \lim_{n \to \infty}\left(1 + \frac{2}{n}\right)^n$$

$$\boxed{2h = 2 \cdot \frac{1}{n} = \frac{2}{n}}$$

$$= \lim_{\frac{n}{2} \to \infty}\left\{1 + \frac{1}{\left(\frac{n}{2}\right)}\right\}^{\frac{n}{2} \cdot 2}$$

$$= e^2$$

$n \to \infty$이면 $\frac{n}{2} \to \infty$

$\frac{2}{n} = 1 \times \frac{2}{n} = 1 \div \frac{n}{2} = \frac{1}{\left(\frac{n}{2}\right)}$

$n = \frac{n}{2} \cdot 2$

이라고 구할 수 있다.

정규분포의 확률밀도함수에 얼굴을 내미는 네이피어수 e를 잘 이해하게 되었다면 이제 연속형 확률변수의 평균과 분산을 알기 위해 적분 이야기로 옮겨가 보자.

다음이 이번 장의 메인 메뉴다.

04
적분

영어로 '적분'은 **integration**이다. integrate는 '통합하다, 정리하다'의 의미를 갖고 있는데 수학의 적분도 잘게 나눈 것을 정리하여 쌓는다(합친다)란 뜻이다.

언제부터 적분의 역사가 시작되었을까? 미분과 적분을 함께 말할 때는 보통 '미적분'이나 '미적'이라고 한다. 고등학교에서도 '미분→적분' 순으로 배우기에 막연히 미분이 먼저 발명되고 그 뒤에 적분이 생겼다고 여기는 사람이 많지 않은가? 실제로는 **적분의 역사가 훨씬 길다.** 미분은 12세기에 생겼는데 적분은 무려 **기원전 1800년 무렵에 그 단서를 볼 수 있다.** 적분이 왜 이렇게 일찍 태어났느냐 하면 한마디로 **면적을 구할 필요가 있었기 때문이다.**

바로 토지 때문이다. 토지의 모양이 삼각형이나 사각형, 오각형 등 이른바 다각형이라면 내부를 몇 개의 삼각형으로 나눠 면적을 구할 수 있다. 하지만 곡선으로 된 부분도 있는 토지의 면적은 어떻게 구할까?

결론부터 말하면, 적분이란 아래 그림에 있는 도형의 면적을 작은 직사각형(이나 삼각형)의 면적의 합으로 계산하는 기법이다.

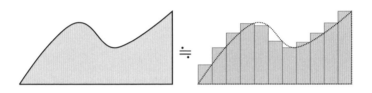

덧붙여서, 최초로 오늘날의 적분과 연관되는 구적법(면적을 구하는 방법)을 생각한 사람은 **아르키메데스**다.

나의 구적법에 맡겨.

그리스 수학자
아르키메데스

아르키메데스의 구적법

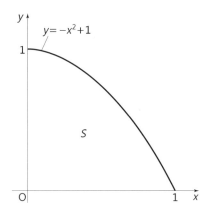

아르키메데스는 위 그림과 같은 포물선($y = -x^2 + 1$)과 직선으로 둘러싸인 도형의 면적(S라고 한다)을 구하기 위해 포물선의 내부를 삼각형으로 메꿔가는 것을 생각했다[이런 생각법을 '**토막내기**(실진법悉盡法, Method of Exhaustion)'라고 한다].

Let's GO!

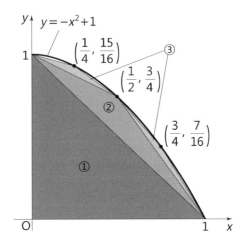

계산 과정은 생략하지만(여력이 있는 사람은 반드시 도전해보라!), ①~
③의 삼각형 면적은 아래와 같이 된다.

$$① = \frac{1}{2}, \quad ② = \frac{1}{8}, \quad ③(2개) = \frac{1}{32}$$

이상에 의해

$$S = ① + ② + ③ + \cdots$$
$$= \frac{1}{2} + \frac{1}{8} + \frac{1}{32} + \cdots$$

아르키메데스는 이것이 **첫 항이 '$\frac{1}{2}$', 공비가 '$\frac{1}{4}$'인 등비수열이
무한히 계속되는 '등비수열의 합'**이라는 것을 깨달았다. 앞에서 말
한 극한의 표현을 사용하면 다음과 같다.

$$S = \frac{1}{2} + \frac{1}{8} + \frac{1}{32} + \cdots$$

등비수열 합의 공식
$$S_n = \frac{a_1(1-r^n)}{1-r}$$

$$= \lim_{n \to \infty} \frac{\frac{1}{2}\left\{1 - \left(\frac{1}{4}\right)^n\right\}}{1 - \frac{1}{4}}$$

여기서 $\left(\frac{1}{4}\right)$을 끝없이 곱하면 0에 한없이 가까워지는 것은 명백하므로

$$\lim_{n \to \infty} \left(\frac{1}{4}\right)^n = 0$$

에 의해 다음과 같이 된다.

$$S = \lim_{n \to \infty} \frac{\frac{1}{2}\left\{1 - \left(\frac{1}{4}\right)^n\right\}}{1 - \frac{1}{4}} = \frac{\frac{1}{2}(1-0)}{\frac{3}{4}} = \frac{2}{3}$$

이렇게 해서 아르키메데스는 포물선과 직선으로 둘러싸인 면적이 '$\frac{2}{3}$'라고 결론지었다. 놀라운 것은 아르키메데스가 이것을 계산했던 당시는 '극한'이라는 개념이 생겨나기 훨씬 전이었다는 사실이다. 인류가 자랑하는 대천재는 역시 다르다!

아무튼 아르키메데스는 **포물선이라는 곡선으로 둘러싸인 도형의 면적을 작은 삼각형의 면적을 무한히 더해감으로써 구하는 것**에 성공했다. 이것은 엄연한 적분이다.

적분의 기호와 의미

이제 여러분은 적분이란 구하고 싶은 도형의 면적을 작은 면적의 합으로 구하는 기법임을 이해했을 것이다. 다음으로 적분 기호와 그 의미를 소개한다.

앞의 곡선으로 둘러싸인 토지로 돌아가자. 토지를 좌표축에 놓는다. 토지의 곡선을 나타내는 그래프 식은 $y = f(x)$ $[a \leq x \leq b]$다.

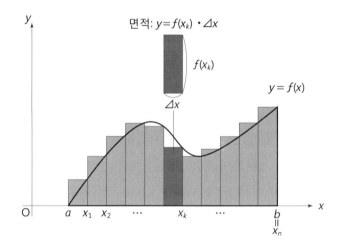

$x = a$에서 $x = b$까지를 n개의 직사각형으로 모두 메꾼다. 직사각형의 가로축은 모두 Δx라고 생각하자.

> 주) 'Δ(델타)'는 '차이' difference의 머리글자 d에 해당하는 그리스 문자다. 수학이나 물리에서는 유한의 차를 나타낼 때도 사용된다.

먼저 왼쪽에서 k번째 직사각형(색이 짙은 직사각형)의 면적을 구하

자. 이 직사각형의 오른쪽 아래는 x_k이고 곡선은 $y = f(x)$이므로 세로 길이는 $f(x_k)$가 된다. 따라서 k번째 직사각형의 면적은

$$f(x_k) \cdot \varDelta x$$

다. 구하고 싶은 토지의 면적은 n개의 직사각형 면적의 합과 거의 같으므로 다음과 같이 쓸 수 있다.

$$면적 ≒ f(x_1)\varDelta x + f(x_2)\varDelta x + \cdots + f(x_k)\varDelta x + \cdots + f(x_n)\varDelta x$$

상당히 길어 보이는 식이지만 앞장에서 배운 **Σ를 사용하면 말끔하게 정리할 수 있다.**

$$면적 ≒ \sum_{k=1}^{n} f(x_k)\varDelta x$$

단 이것으로는 아직 **오차가 있다.** 오차를 가능한 작게 하려면 어떻게 해야 할까? 그렇다, n을 크게 하면 오차는 당연히 작아진다.

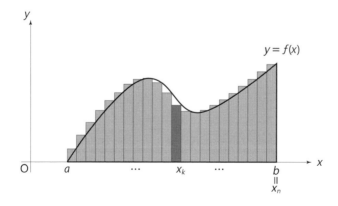

앞 그림같이 길쭉한 직사각형으로 메꾸면(n을 크게 하면) 아까보다 오차가 작아진다. 그 말은… 그렇다! (눈치 빠른 독자는 알았겠지만) **n을 한없이 크게 하면 직사각형 면적의 합은 정확한 토지의 면적에 한없이 가까워진다!** 자, 극한이 등장할 차례다!

$$\text{면적} = \lim_{n \to \infty} \sum_{k=1}^{n} f(x_k) \varDelta x \qquad \cdots ☆$$

인 것이다! 아, 쓰면서 내가 더 흥분해버렸다(땀). 자, 침착하자.

구적법으로의 적분의 본질은 ☆식에 모두 포함되어 있다. 다만 매번 'lim'와 'Σ'를 사용하는 것은 약간 번거롭다. 그래서 편리한 기호가 발명되었다. 유명한(?) '$\int$(인테그랄)'이다.

$\int$을 사용하면 ☆식은 다음과 같이 나타낼 수 있다.

$$\text{면적} = \lim_{n \to \infty} \sum_{k=1}^{n} f(x_k) \varDelta x = \int_a^b f(x) dx$$

우단의 값 ― b

좌단의 값 ― a

'$\int$'은 Σ를 위아래로 늘린 기호라고 생각하자. 또한 'dx'는 n을 끝없이 크게 했을 때 '$\varDelta x$'가 한없이 가까워지는 값($\varDelta x$의 극한값)을 나타낸다.

나가노

극한을 통한 Σ와 $\int$의 관계, $\varDelta x$와 dx의 관계를 알아두면 나중에 연속형 확률변수를 직감적으로 이해하기가 쉽다.

$$\sum_{}^{} \rightarrow \int, \lim_{n \to \infty} \varDelta x = dx$$

$\int$의 아래 쓴 'a'는(도형을 n개의 직사각형으로 나누었을 때의) 첫 번째 직사각형의 왼쪽 아래의 값, 즉 **면적을 구하고 싶은 도형의 왼쪽 끝의 값**을 나타내고, 위에 쓴 'b'는 n번째 직사각형의 오른쪽 아래의 값, 즉 **면적을 구하고 싶은 도형의 오른쪽 끝의 값**을 나타낸다.

이하는 (또한) 여담이다. $\int$이나 dx의 기호를 생각한 것은 뉴턴(Isaac Newton, 1643~1727)과 나란히 **미적분의 아버지**라 불리는 **라이프니츠**(G. W. Leibniz, 1646~1716)다.

라이프니츠는 다재다능한 사람으로 수학뿐 아니라 법률학, 역사학, 문학, 철학 등의 분야에 이름을 남겼는데 가장 위대한 업적은 **다양한 '기호'를 발명한 것**이다. 라이프니츠는 오늘날로 치면 **기호논리학**(symbolic logic)의 시조로 기호를 사용해 고도의 고찰이 일종의 계산으로 처리될 수 있는 방법을 모색했다.

실제 우리는 $\int$이나 dx 등의 기호를 사용해 원래는 어려운 고찰이 필요한 **미적분을 직감적으로 계산할 수 있다**(그 은혜는 미적분 공부를 계속하다 보면 누구라도 느끼게 된다). 하찮은 기호라고 무시할 수 없다. 지금까지 배운 적분 지식을 정리해 예제에 도전해보자.

적분과 면적

$y = f(x)$ 와 $x = a$, $x = b\,(a < b)$ 그리고 x축으로 둘러싸인 도형의

면적 S는 $\int$과 dx를 사용하여 아래와 같이 나타낼 수 있다.

$$S = \int_a^b f(x)\,dx$$

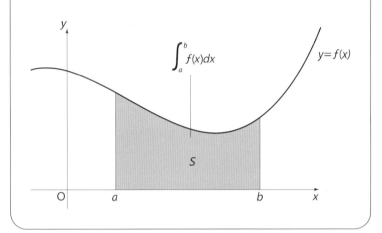

예제 5-3 아래의 값을 구하라.

$$\int_1^4 (x+1)\,dx$$

해설

$$f(x) = x + 1$$

인 1차함수는 기울기가 1, y 절편이 1인 직선이다. 따라서

$$\int_1^4 (x+1)\,dx$$

는 다음 그림의 회색 부분 면적을 나타내는 것이다.

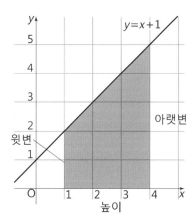

사다리꼴이므로 추억의 공식 **(윗변＋아랫변)×높이÷2**로 면적을 구한다.

$$\int_1^4 (x+1)\,dx = (2+5) \times 3 \div 2 = \frac{21}{2}$$

> **주〉** 실제 이 계산(정적분)은 다음과 같이 한다.
>
> $$\int_1^4 (x+1)\,dx = \left[\frac{1}{2}x^2 + x \right]_1^4 = \frac{1}{2}(4^2 - 1^2) + (4-1) = \frac{15}{2} + 3 = \frac{21}{2}$$
>
> 물론 적분의 의미로 생각해서 한 계산과 결과는 일치한다.

■연습 5-1 아래 그림과 같이 $y = f(x)$ 의 $A(a, f(a))$ 에 있어서 접선이 $y = x - 1$ 이라는 것을 알고 있을 때, 다음의 극한을 구하라.

$$\lim_{b \to a} \frac{f(b) - f(a)}{b - a}$$

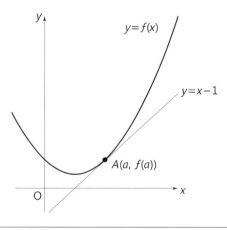

해답

$y = f(x)$ 위에 A 와는 다른 $B(b, f(b))$ 를 취하면

$$\frac{f(b) - f(a)}{b - a}$$

는 다음 그림에서 보이는 점선 AB의 □를 나타낸다. 여기서 b 를 한없이 a 에 가깝게 하면(점 B도 한없이 점 A에 가까워지므로) 점선 AB가 □

_____에 한없이 가까워지는 것은 명백하다.

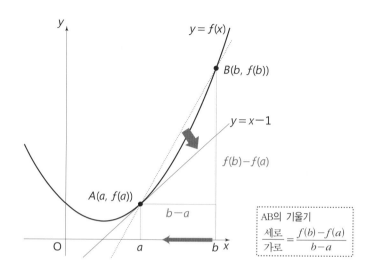

따라서

$$\lim_{b \to a} \frac{f(b) - f(a)}{b - a}$$

는 _____의 ____를 나타낸다. 이상에 의해

$$\lim_{b \to a} \frac{f(b) - f(a)}{b - a} = \boxed{}$$ $y = x - 1$의 기울기는 1

주〉 일반적으로

$$f'(a) = \lim_{b \to a} \frac{f(b) - f(a)}{b - a}$$

라고 정의되는 $f'(a)$는 $y = f(x)$의 A$(a, f(a))$에 있어서 접선의 기울기를 나타내며, 이것을 $x = a$에 있어서의 $f(x)$의 **미분계수**라고 한다.

■**연습 5-2** 충분히 작은 h에 대해

$$\frac{e^h - 1}{h} \fallingdotseq 1$$

이 되는 것을 보여라. 단 e는 네이피어수다.

해설

네이피어수 e의 정의에 의해

$$\lim_{n \to \infty} \left(1 + \frac{1}{n}\right)^n = e$$

여기서

$$h = \frac{1}{n}$$

이라고 하면

$$n \to \infty \iff h \to \boxed{}$$

이므로

$$\underline{\lim} \boxed{} = e$$

가 된다. 따라서 충분히 작은 h에 대해서는

$$\boxed{} \fallingdotseq e$$

이것을 대입하면

$$(a^{\frac{1}{h}})^h = a^{\frac{1}{h} \times h} = a^1 = a$$

$$\frac{e^h - 1}{h} \fallingdotseq \frac{\left\{\boxed{}\right\}^h - 1}{h} = \frac{\boxed{} - 1}{h} = 1$$

주〉 실제 극한을 이용하면

$$\lim_{h \to 0} \frac{e^h - 1}{h} = 1$$

임이 알려져 있다.

위 식의 좌변은 $f(x) = e^x$ 라고 했을 때의 $x = 0$에 있어서 미분계수 $f'(0)$이며, 이것은 $y = e^x$의 $(0, 1)$에 접선의 기울기가 1이라는 것을 보여주고 있다(지수함수와 미분을 아는 사람은 반드시 확인해보자!)

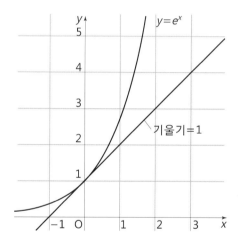

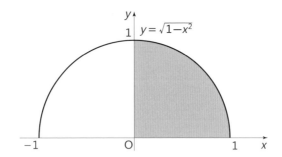

■**연습 5-3** 다음 값을 구하라.

$$\int_0^1 \sqrt{1-x^2}\,dx$$

단 원점을 중심으로 하는 반지름이 1인 원의 위쪽을 나타내는 그래프의 식이

$$f(x) = \sqrt{1-x^2}$$

임을 이용해도 된다.

해설

$$\int_0^1 \sqrt{1-x^2}\,dx$$

는 아래 그림의 회색 부분 면적을 나타낸다.

이것은 반지름이 1인 원의 면적의 $\boxed{}$ 이다.

따라서

> 반지름 r인 원의 면적
> $r^2\pi$

$$\int_0^1 \sqrt{1-x^2}\,dx = \boxed{} \times \boxed{} = \boxed{}$$

주〉 원의 방정식에 지식이 있는 사람에게

원점을 중심으로 하는 반지름이 1인 원의 방정식은

$$x^2 + y^2 = 1$$

이것을 y에 대해 풀면

$$y = \pm\sqrt{1-x^2}$$

$y = \sqrt{1-x^2}$ 은 원의 위 절반의 곡선을 나타내며 $y = -\sqrt{1-x^2}$ 은 원의 아래 절반의 곡선을 나타낸다.

수학을 통계에 응용하기

나가노

드디어 '연속하는 그래프'의 통계네요.

오카다 교수

그렇죠. 이제 연속형 확률분포에 대한 평균이나 분산·표준편차, 그리고 통계에 가장 중요한 분포인 '정규분포'가 나오죠.

나가노

연속적인 경우와 이산적인 경우 가장 다른 점은 뭔가요?

오카다 교수

이산형 확률분포에서는 확률변수가 특정 값을 갖는 확률을 생각하지만, 연속형 확률분포에서는 변수가 '○○ 이상 △△ 이하'가 되는 확률을 생각하는 점이죠.

나가노

어려운가요?

오카다 교수

아뇨, 연속형 확률분포라고 해도 앞장에서 배운 이산형 확률분포와 생각하는 방법은 거의 같아요. 다만 적분 기호나 네이피어수 e 같은 것이 등장합니다. 통계에서는 실제 적분 계산을 반드시 할 수 있어야 할 필요는 없지만 이것들에 대해 이미지를 갖고 있는 건 중요하죠.

나가노

그러기 위해서 전반의 수학 설명은 이미지를 전달하는 것에 주력했죠. 이번 장의 흐름도를 복습해둘게요.

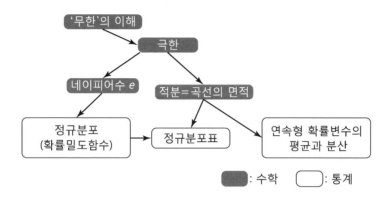

05
연속형 확률변수와 확률밀도함수

　요즘 택배 기사분들은 정말 유능해서 천재지변이나 엄청난 대목이 아닌 이상 희망 택배 시간대를 지정하면 그때 정확히 배달해준다. 말하자면, 보통 때 택배가 희망 배달 시간대에 배달될 확률은 100%다(여기서는 그렇다고 치자). 그래서 예를 들어 12~14시의 시간대를 희망한 택배가 **12:30~13:00의 30분 사이에 배달될 확률**을 생각해보자.

　'12:00보다 X분 후에 택배가 도착한다'라고 하면 X의 변역은

$$0 \leq X \leq 120$$

이다. 택배가 도착하는 것은 12:00보다 10분 후일지도 모르고 60.5분 후일지도 모른다. X는 **연속적으로 변화**하므로(지금까지처럼), 표본공간과 X가 얻을 수 있는 값이 몇 가지인지 생각하는 것은 무리가 있다.

　하지만 'X가 0~120 사이를 연속적으로 변화한다' → 'X는 0 이

상 120 이하의 어떤 값도 얻을 수 있다' → '0 이상 120 이하의 범위에서 X가 갖는 값에 대한 확률적 메커니즘을 생각할 수 있다'라고 바꿔 말하면, X는 연속적으로 변화하기는 하지만 어떤 확률분포에 따르는 '확률변수'라고 할 수 있다.

이 X와 같이 연속형 값을 얻을 수 있는 확률변수를 **연속형 확률변수**라고 한다(이에 비해 앞장에서 생각했던 확률변수는 **이산형 확률변수**다).

간단히 생각하기 위해 택배 도착 가능성은 2시간 중 언제라도 일정하다고 하자. 그렇게 하면 X의 확률분포는 다음 그래프와 같다.

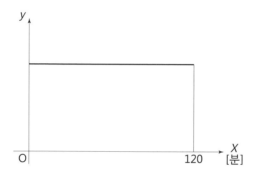

택배가 12:30~13:00의 30분 사이에 도착할 확률은 120분 중의 30분 사이에 배달될 확률이므로

$$\frac{30}{120} = \frac{1}{4}$$

이라고 생각하는 게 자연스럽다. 이는 위의 확률분포의 그래프에서 **직사각형의 면적을 1로 해두면** 보다 직감적으로 알 수 있다.

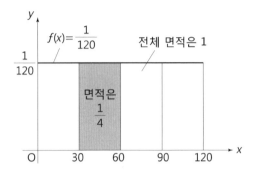

직사각형의 전체 면적을 1로 한다면 가로 길이는 120이므로 높이는 $\frac{1}{120}$ 이 된다. 여기서 X의 확률분포를 나타내는 그래프의 식을 $y = f(x)$라고 하면

$$f(x) = \begin{cases} \dfrac{1}{120} & [0 \leq x \leq 120] \\ 0 & [x < 0,\ 120 < x] \end{cases}$$

이다.

　연속형 확률변수 X가 a 이상 b 이하의 값을 가질 확률을

$$P(a \leq X \leq b)$$

라고 쓰기로 하면 택배가 12:30~13:00의 30분 사이에 배달될 확률은 $P(30 \leq X \leq 60)$이고 앞의 계산대로

$$P(30 \leq X \leq 60) = \frac{1}{4}$$

이다. $P(30 \leq X \leq 60)$은 $y = f(x)$와 $x = 30$, $x = 60$ 그리고 x축

으로 둘러싸인 **면적**인데, 이와 같은 $f(x)$를 X의 **확률밀도함수**라고 한다.

위의 예에서는 $y = f(x)$가 x축에 평행한 직선이 되는 정수함수이므로 면적을 구하는 것이 간단했지만, 일반적으로 $y = f(x)$가 곡선이 될 때는 구하기가 쉽지 않다. 하지만 우리들에게는 면적을 구할 강력한 무기가 있다. 그렇다, **적분**이다!

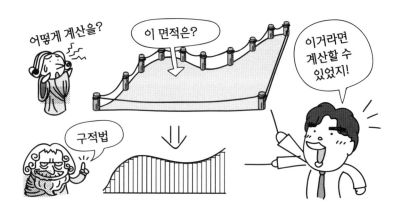

확률밀도함수는 적분을 사용하여 다음과 같이 일반화된다.

확률밀도함수

연속형 확률변수 X가 $a \leq X \leq b$인 값을 가질 확률 $P(a \leq X \leq b)$가 아래 그림의 면적으로 나타날 때, 즉

$$P(a \leq X \leq b) = \int_a^b f(x)dx \qquad \cdots ①$$

일 때, $f(x)$를 X의 확률밀도함수라고 한다.

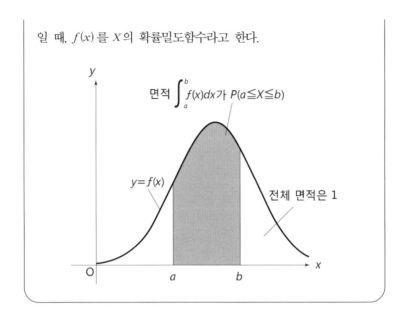

확률밀도함수의 성질

앞장에서 배운 확률 P는 어떤 경우에도

$$0 \leq P \leq 1$$

을 만족할 필요가 있으므로, 앞에서 정의된 확률밀도함수 $f(x)$는
다음 2가지 성질을 갖는다.

확률밀도함수의 성질

(ⅰ) 언제나 $f(x) \geq 0$ …②

(ⅱ) $\displaystyle\int_{-\infty}^{\infty} f(x)dx = 1$ …③

주) 확률변수 X가 얻을 수 있는 값이 $\alpha \leq X \leq \beta$에 한정될 때에는

$$\int_{\alpha}^{\beta} f(x)dx = 1$$

예를 들어보자. 확률변수 X가 얻을 수 있는 값의 범위가 $0 \leq X \leq 2$이고, 확률밀도함수가

$$f(x) = \begin{cases} 0 & [x < 0] \\ x & [0 \leq x \leq 1] \\ -x+2 & [1 < x \leq 2] \\ 0 & [x > 2] \end{cases}$$

로 아래 그림과 같이 되어 있을 때 $P(0.5 \leq X \leq 1.5)$를 구해보자.

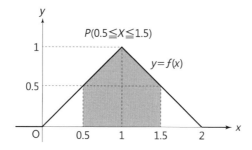

①과 같이 쓰면

$$P(0.5 \leq X \leq 1.5) = \int_{0.5}^{1.5} f(x)dx$$

이다. 뭔가 복잡해 보이지만 아무것도 아니다. 우변의 적분은 그림

5장 연속 데이터 분석을 위한 수학   373

의 회색 부분 면적을 나타낸다. 이 부분의 면적은 밑변의 길이가 2, 높이가 1인 삼각형에서 밑변의 길이가 0.5이고 높이가 0.5인 삼각형 2개의 면적을 끌어내면 구해진다. 즉

$$P(0.5 \leq X \leq 1.5) = \int_{0.5}^{1.5} f(x)dx$$
$$= 2 \times 1 \div 2 - (0.5 \times 0.5 \div 2) \times 2$$
$$= 1 - 0.25$$
$$= 0.75$$

인 것이다.

06
연속형 확률변수의 평균과 분산

연속형 확률변수도 기댓값(또는 평균) $E(X)$ 와 분산 $V(X)$ 가 다음과 같이 정의되어 있다(아래 μ 는 평균 mean의 머리글자 m 에 해당하는 그리스 문자다).

연속형 확률변수의 기댓값(또는 평균)과 분산

연속형 확률변수 X 를 얻을 수 있는 값의 범위가 $\alpha \leq X \leq \beta$ 이고 그 확률밀도함수가 $f(x)$ 일 때

$$\text{기댓값(또는 평균): } E(X) = \int_{\alpha}^{\beta} x f(x) dx \qquad \cdots ④$$

$$\text{분산: } V(X) = \int_{\alpha}^{\beta} (x - \mu)^2 f(x) dx \qquad \cdots ⑤$$

$$[\text{여기서 } \mu = E(X)]$$

---

④나 ⑤식은 연속형 확률변수에 대한 새로운 정의인데, 이들은

앞장에서 배운 **이산형 확률변수의 기댓값이나 분산의 극한**을 생각하면 이해할 수 있다. 함께 확인해보자. 아래 설명은(수학적 엄밀함은 일단 제쳐두고) **직감적인 이해를 목표로 한 것**이므로 가벼운 마음으로 읽어보자.

얻을 수 있는 값의 범위가 $\alpha \leq X \leq \beta$인 확률변수 X의 확률밀도함수 $f(x)$의 그래프는 다음 그림과 같다고 하자.

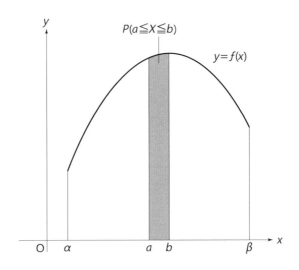

$y = f(x)$와 $x = \alpha$, $x = \beta$ 그리고 x축으로 둘러싸인 면적을 다음과 같이 n개의 직사각형으로 자르는 것을 생각한다.

직사각형 윗변의 중점이 $y = f(x)$상에 있다고 하자. 그리고 왼쪽부터 헤아려서 i번째 직사각형의 왼쪽 아래가 a에, 오른쪽 아래가 b에 일치했다고 하자. 여기서

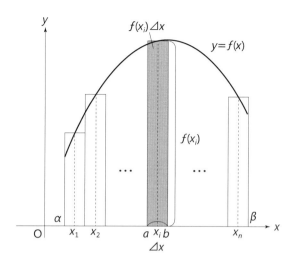

$$b - a = \Delta x$$

이고 Δx는 충분히 작다(a와 b는 충분히 가깝다)고 하자. 이렇게 하면

$$\int_a^b f(x)dx = P(a \leq X \leq b) = f(x_i)\Delta x \qquad \cdots ⑥$$

이다. 즉 $f(x_i)\Delta x$는 확률 $P(a \leq X \leq b)$의 **근삿값을 나타낸다**고 생각할 수 있다. 그 근삿값을 p_i라고 쓰기로 하면

$$f(x_i)\Delta x = p_i \quad (i = 1, 2, 3, \ldots, n) \qquad \cdots ⑦$$

⑥과 ⑦에 의해

$$P(a \leq X \leq b) = p_i$$

바꿔 말하면 p_i는 $y = f(x)$의 그래프가 **계단 모양 그래프와 근사한 경우**, X가 a 이상 b 이하의 값을 가질 확률이다.

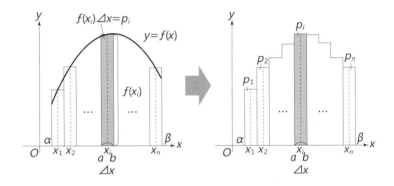

다음으로 Δx는 충분히 작으므로 $a \leq X \leq b$를 만족하는 X의 값을 x_i로 나타내기로 하고(←이 접근은 상당히 과감한 전개다), **새롭게 다음 표와 같이 분포하는 이산형 확률변수 X'를 만들기로 한다.**

X'	x_1	x_2	x_3	$\cdots$	x_n
확률	p_1	p_2	p_3	$\cdots$	p_n

X'는 이산형 확률변수이므로 기댓값(평균)은

$$E(X') = \sum_{k=0}^{n} x_i p_x \qquad \cdots \text{⑧}$$

이었다.

자, 이렇게 해서 구한 $E(X')$는 **원래의 연속형 확률변수의 기댓값**

378

$E(X)$와 어떤 관계일까?

애초에 X'는 X의 확률밀도함수 그래프를 계단 모양의 그래프에 근사하고, 거기에 어떤 (좁은) 범위에 어떤 X를 그 중앙의 값으로 대표시켜 만든 확률변수다. 이와 같이 해서 연속형 확률변수 X에서 이산형 확률변수인 X'를 만드는 것은 '내일 기온이 19.9℃ 이상 20.1℃ 이하가 될 확률은 30%'를 '내일 기온이 20℃가 될 확률은 30%'와 근사하는 것과 같다.

19.9℃ 이상 20.1℃ 이하를 20℃에 근사한 것으로 해버리는 것이므로 과감한 이야기이기는 하지만 X'는 **연속형 확률변수 X가 이산형에 근사한 것이라는 해석을 허용한다면 $E(X')$를 연속형 확률변수 X의 기댓값 $E(X)$의 근사값**이라고 생각할 수 있다.

오카다 교수

연속형 확률변수의 기댓값(평균)을 이산형의 정의와 연관시키기 위해 고심하고 있다. 본래 연속형인 확률변수에서는

X가 어떤 범위의 값을 가질 확률
=그 X의 범위에 있어서 '확률밀도함수'의
곡선과 '$y = 0$'의 직선 사이의 면적

이라고 생각하므로 앞쪽의 예로 '내일 기온이 딱 20℃가 될 확률'은 0이 된다. X가 딱 20[℃]일 때 X의 범위(폭)가 0이 되어 면적도 0이 되기 때문이다.

Δx가 작아지면 작아질수록 두 페이지 앞의 계단형 그래프는 $y = f(x)$의 그래프에 가까워지므로 $E(X')$와 $E(X)$의 오차는 작아진다. 즉 Δx가 끝없이 0에 가까워질 때 $E(X')$은 **연속형 확률변수 X의 기댓값 $E(X)$에 한없이 가까워진다.**

Δx를 한없이 작아지게 하면

$$E(X') \rightarrow E(X)$$

또한 Δx를 한없이 작아지게 하면

$$\sum \rightarrow \int, \quad \Delta x \rightarrow dx$$

가 되는 것을 생각해낸다면(357쪽) ⑦과 ⑧에서

$$E(X') = \sum_{i=1}^{n} x_i p_i = \sum_{i=1}^{n} x_i f(x_i) \Delta x \rightarrow E(X) = \int_{\alpha}^{\beta} x f(x) dx$$

마침내 이산형의 확률변수에 있어서 기댓값의 정의와 연속형 확률변수의 기댓값의 정의식 ④를 연관 지을 수 있게 되었다.

마찬가지로 생각하여

$$V(X') = \sum_{i=1}^{n} (x_i - \bar{X})^2 p_i \rightarrow V(X) = \int_{\alpha}^{\beta} (x - \mu)^2 f(x) dx$$

도 표현이 가능해진다.

07
정규분포

확률밀도함수 중에서 가장 많이 등장하고 또 중요한 것이 **정규분포**(normal distribution)의 확률밀도함수다. 자연현상이나 사회현상 중에는 데이터의 분포가 정규분포에 가까운 것이 적지 않다. 예를 들면 내리는 빗방울의 크기나 생물의 키 또는 체중, 그리고 수능시험같이 많은 사람이 치르는 시험의 결과나 공장에서 불량품이 나오는 빈도 같은 데이터는 정규분포에 가까운 분포를 보인다. 어림잡아 말하면 '**오차를 수반하는 현상에 관한 데이터는 정규분포로 잘 표현할 수 있는 경우가 많다**'.

그토록 중요한 정규분포의 확률밀도함수를 나타내는 수식은 어떤 것일까? 바로 자연로그의 밑 e를 사용하여 다음과 같이 엄청나게 복잡한 식으로 나타난다.

$$f(x) = \frac{1}{\sqrt{2\pi\sigma^2}} e^{-\frac{(x-\mu)^2}{2\sigma^2}} \qquad \cdots ⑨$$

까악, 하고 비명을 지르며 도망치고 싶어지는 식이지만 부디 안심하라! 이 식은 **그냥 보기만 하면 된다.** 기억할 필요도 없다.

본래 ⑨식이 확률밀도함수가 될 수 있는지 어떤지를 확인하는 데에는 확률밀도함수의 성질 ②와 ③을 만족하고 있는 것을 보여줄 필요가 있다. 이중 성질 ②, 즉 모든 x에 대해서도

$$\frac{1}{\sqrt{2\pi\sigma^2}} e^{-\frac{(x-\mu)^2}{2\sigma^2}} \geq 0$$

가 성립하는 것에 대해서는 지수함수를 알면 비교적 쉽게 확인할 수 있다. 그러나 ③의 성질

$$\int_{-\infty}^{\infty} \frac{1}{\sqrt{2\pi\sigma^2}} e^{-\frac{(x-\mu)^2}{2\sigma^2}} \, dx = 1$$

에 대해서는 (계산 방법은 몇 가지 있지만 그 모든 것이) 아주 어렵고 이 책의 수준을 크게 뛰어넘는다. 그래서 유감스럽지만 선조들의 공적에 감사하면서 ⑨식으로 나타난 $f(x)$는 확률밀도함수의 성질 ②와 ③을 만족한다는 것을 사실로 받아들이자.

일반적으로 확률변수 X가 ⑨식으로 나타난 $f(x)$를 확률밀도함수로 가질 때, 바꿔 말하면(①에 의해)

$$P(a \leq X \leq b) = \int_a^b \frac{1}{\sqrt{2\pi\sigma^2}} e^{-\frac{(x-\mu)^2}{2\sigma^2}} \, dx \qquad \cdots ⑩$$

일 때 X의 평균은 μ, 분산은 σ^2가 된다는 것을 알고 있다.

> 주) 이것은 ⑨식을 ④식이나 ⑤식에 대입하면 얻어지지만 이들 계산도 복잡하므로 여기
> 서는 생략한다.
> 또한 σ(시그마)는 표준편차로 영어 표준편차 standard deviation의 머리글자 s에 해
> 당하는 그리스 문자의 소문자다(Σ는 대문자). 분산=표준편차^{2}이므로 분산을 σ^2으로 표
> 시한다.

거기서 ⑩식이 성립할 때(확률변수 X가 ⑨식으로 나타난 $f(x)$를 확률밀
도함수로 가질 때) X는 **평균 μ, 분산 σ^2의 정규분포에 따른다**고 한다.
평균 μ, 분산 σ^2의 정규분포를 $N(\mu, \sigma^2)$이라고 나타낸다.

$$\text{표준편차} = \sqrt{\text{분산}}$$

이므로 정규분포의 기댓값(또는 평균)과 표준편차에 대해 다음과 같
이 정리할 수 있다.

정규분포의 기댓값(또는 평균)과 분산

X가 정규분포 $N(\mu, \sigma^2)$에 따르는 확률변수일 때

기댓값(또는 평균): $E(X) = \mu$

표준편차: $s(X) = \sigma$

표준정규분포

앞장에서 이산형 확률변수 X에서 다음 1차식

$$Z = \frac{X - E(X)}{s(X)}$$

로 나타낸 확률변수 Z를 만들면 **평균은 반드시 0, 표준편차는 반드시 1이 된다**는 것을 배웠다(306쪽). 정규분포에서도 똑같다. 평균 0, 표준편차 1인 정규분포 $N(0, 1)$을 특히 **표준정규분포**라 한다.

표준정규분포

확률변수 X가 정규분포에 따를 때

$$Z = \frac{X - \mu}{\sigma} \qquad \cdots \text{⑪}$$

으로 변환하면 확률변수 Z는 표준정규분포 $N(0, 1)$에 따른다.

표준정규분포 $N(0, 1)$의 확률밀도함수는 ⑨식에 $\mu = 0$, $\sigma = 1$을 대입하여

$$f(x) = \frac{1}{\sqrt{2\pi}} e^{-\frac{x^2}{2}} \qquad \cdots \text{⑫}$$

이 된다. ⑨식보다 조금은 쉽다….

⑫식을 그래프 그리는 프로그램을 이용하여 그려보면 다음과 같은 아주 아름다운 종(鐘) 모양이 된다.

여담이지만, 독일의 옛 10마르크 지폐에는 정규분포를 발견한 수학자인 가우스(C. F. Gauss, 1777~1855)의 초상과 정규분포 그래프

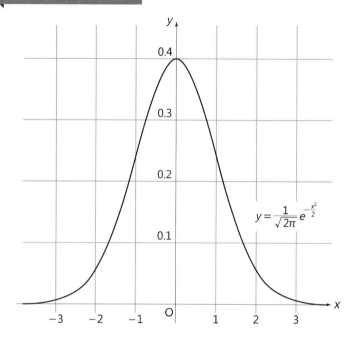

$$y = \frac{1}{\sqrt{2\pi}} e^{-\frac{x^2}{2}}$$

가 그려져 있었다.

08
정규분포표

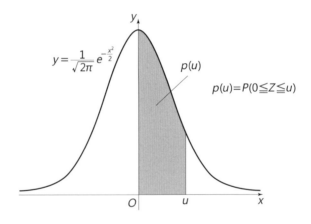

$$y = \frac{1}{\sqrt{2\pi}} e^{-\frac{x^2}{2}}$$

$p(u)$

$p(u) = P(0 \le Z \le u)$

O u x

표준정규분포에 있어서 위의 회색 부분 면적을 $p(u)$라고 하면 $p(u)$를 구하기 위해서는

$$p(u) = \int_0^u \frac{1}{\sqrt{2\pi}} e^{-\frac{x^2}{2}} dx \qquad \cdots ⑬$$

라는 번거로운 적분 계산을 해야만 하는데, 고맙게도 선조들의 손

에 의해 다양한 μ에 대해 ⑬식의 정적분 결과는 이미 계산되어 있다. 그것을 정리한 것이 다음의 정규분포표다.

정규분포표

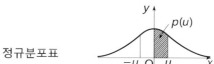

u	.00	.01	.02	.03	.04	.05	.06	.07	.08	.09
0.0	0.0000	0.0040	0.0080	0.0120	0.0160	0.0199	0.0239	0.0279	0.0319	0.0359
0.1	0.0398	0.0438	0.0478	0.0517	0.0557	0.0596	0.0636	0.0675	0.0714	0.0753
0.2	0.0793	0.0832	0.0871	0.0910	0.0948	0.0987	0.1026	0.1064	0.1103	0.1141
0.3	0.1179	0.1217	0.1255	0.1293	0.1331	0.1368	0.1406	0.1443	0.1480	0.1517
0.4	0.1554	0.1591	0.1628	0.1664	0.1700	0.1736	0.1772	0.1808	0.1844	0.1879
0.5	0.1915	0.1950	0.1985	0.2019	0.2054	0.2088	0.2123	0.2157	0.2190	0.2224
0.6	0.2257	0.2291	0.2324	0.2357	0.2389	0.2422	0.2454	0.2486	0.2517	0.2549
0.7	0.2580	0.2611	0.2642	0.2673	0.2704	0.2734	0.2764	0.2794	0.2823	0.2852
0.8	0.2881	0.2910	0.2939	0.2967	0.2995	0.3023	0.3051	0.3078	0.3106	0.3133
0.9	0.3159	0.3186	0.3212	0.3238	0.3264	0.3289	0.3315	0.3340	0.3365	0.3389
1.0	0.3413	0.3438	0.3461	0.3485	0.3508	0.3531	0.3554	0.3577	0.3599	0.3621
1.1	0.3643	0.3665	0.3686	0.3708	0.3729	0.3749	0.3770	0.3790	0.3810	0.3830
1.2	0.3849	0.3869	0.3888	0.3907	0.3925	0.3944	0.3962	0.3980	0.3997	0.4015
1.3	0.4032	0.4049	0.4066	0.4082	0.4099	0.4115	0.4131	0.4147	0.4162	0.4177
1.4	0.4192	0.4207	0.4222	0.4236	0.4251	0.4265	0.4279	0.4292	0.4306	0.4319
1.5	0.4332	0.4345	0.4357	0.4370	0.4382	0.4394	0.4406	0.4418	0.4429	0.4441
1.6	0.4452	0.4463	0.4474	0.4484	0.4495	0.4505	0.4515	0.4525	0.4535	0.4545
1.7	0.4554	0.4564	0.4573	0.4582	0.4591	0.4599	0.4608	0.4616	0.4625	0.4633
1.8	0.4641	0.4649	0.4656	0.4664	0.4671	0.4678	0.4686	0.4693	0.4699	0.4706
1.9	0.4713	0.4719	0.4726	0.4732	0.4738	0.4744	0.4750	0.4756	0.4761	0.4767
2.0	0.4772	0.4778	0.4783	0.4788	0.4793	0.4798	0.4803	0.4808	0.4812	0.4817
2.1	0.4821	0.4826	0.4830	0.4834	0.4838	0.4842	0.4846	0.4850	0.4854	0.4857
2.2	0.4861	0.4864	0.4868	0.4871	0.4875	0.4878	0.4881	0.4884	0.4887	0.4890
2.3	0.4893	0.4896	0.4898	0.4901	0.4904	0.4906	0.4909	0.4911	0.4913	0.4916
2.4	0.4918	0.4920	0.4922	0.4925	0.4927	0.4929	0.4931	0.4932	0.4934	0.4936
2.5	0.4938	0.4940	0.4941	0.4943	0.4945	0.4946	0.4948	0.4949	0.4951	0.4952
2.6	0.49534	0.49547	0.49560	0.49573	0.49585	0.49598	0.49609	0.49621	0.49632	0.49643
2.7	0.49653	0.49664	0.49674	0.49683	0.49693	0.49702	0.49711	0.49720	0.49728	0.49736
2.8	0.49744	0.49752	0.49760	0.49767	0.49774	0.49781	0.49788	0.49795	0.49801	0.49807
2.9	0.49813	0.49819	0.49825	0.49831	0.49836	0.49841	0.49846	0.49851	0.49856	0.49861
3.0	0.49865	0.49869	0.49874	0.49878	0.49882	0.49886	0.49889	0.49893	0.49897	0.49900

출처: emath Wiki

정규분포표 결과 가운데 특히 중요한 것은 **표준정규분포가 y 축에 대칭**임을 이용하여 얻어지는

$$P(-1.96 \leq Z \leq 1.96) = p(1.96) \times 2 = 0.4750 \times 2 = 0.950 \quad \cdots ⑭$$

이다.

⑭에서 확률변수 Z가 표준정규분포에 따를 때 **Z가 -1.96 이상 1.96 이하의 값을 가질 확률은 95%**임을 알고 있다. 이것은 다음과 같이 바꿔 말할 수 있다.

표준정규분포의 중요 성질

표준변수 Z에 표준정규분포 $N(0, 1)$에 따를 때
$-1.96 \leq Z \leq 1.96$에 전체 면적 가운데 95%가 포함된다

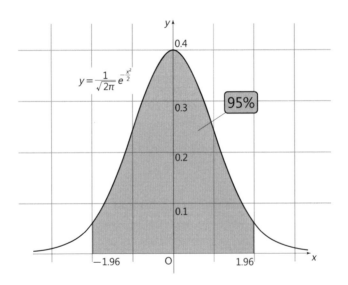

정규분포에 따르는 확률변수의 식은 ⑪식을 사용하여 언제든지 표준정규분포의 식으로 변환할 수 있으므로, 표준정규분포의 이 성질은 널리 응용된다. 앞에서도 썼듯이 이 책의 목적은 도수분포표나 히스토그램 같은 통계의 왕초보에서 출발하여 추론통계의 입구까지 안내하는 것이다.

이제 마지막으로 지금까지 배운 표준정규분포의 성질을 사용할 수 있는 가장 기본적인 추론통계의 첫발을 소개하겠다.

09
추론통계란

추론통계는 표본을 조사하여 모집단의 특성을 확률론적으로 예상하는 '추정'과, 얻어진 데이터의 차가 오차인지 또는 어떤 의미가 있는 차인지를 검증하는 '검정'을 2개의 축으로 한다. 예를 들어 선거 때 매스컴이 보도하는 당선 예상은 모든 사람을 조사한 결과는 아니다. 일부 유권자만 설문조사해 추정한 것이다. 이 경우 모든 유권자는 '모집단', 설문을 실시한 유권자는 '표본'이다. 그 밖에도 시청률이나 여론조사에도 '추정'이 사용된다.

한편 '짝수냐 홀수냐의 주사위 도박에서 20번 중에 15번이나 짝수가 되는 것은 사기다' '커피를 마시면 장수한다' 같은 가설의 신빙성을 판단하는 것이 '검정'이다.

먼저 간단한 추정의 예부터 소개한다.

표준정규분포의 성질을 사용하여 할 수 있는 '추정'

앞에서도 설명했듯이 정규분포를 발견한 사람은 가우스인데, 그는 천문 연구에서 관측 오차를 조사하다가 이 분포를 발견했다.

　이과 실험 등에 사용되는 측정기구에는 측정 오차가 있기 마련이다. 물론 그 오차의 범위는 정밀도가 좋은 측정 기구에서는 적어지지만 0인 경우는 없다. 그래서 보통 측정 기구에는 정밀도를 나타내는 의미로 **평균값**(진짜 값)**의 주변에 측정값이 어느 정도나 흩어져 있는지를 나타내는 표준편차**가 적혀 있다.

　예를 들면 '표준편차=100g'이라고 적힌 체중계에 올라갔더니 72.0kg이었다고 하자. 그러나 측정 오차가 있으니 이 값은 진짜 체중과는 약간 차이가 날 가능성이 있다. 그래서 여러분의 '진짜 체중'을 **95% 신뢰할 수 있는 정밀도**(신뢰수준 95%)**로 추정**해보자.

　여러분이 여러 번 체중계에 올라가 샘플(표본)을 모은다고 하면 그 샘플 데이터는 '진짜 체중'의 주변에 거의 정규분포를 하는 것으로 알려져 있다. 즉 **'진짜 체중'은 여러 번 관측을 되풀이해 얻어지는 정규분포의 평균과 대개 일치한다.**

　당연히 '진짜 체중=여러 번 관측을 되풀이했을 때의 평균값'은 하나이며, 그것은 정수이므로 이를 μ라고 하자. '$X=72.0$kg'이라는 측정값이 μ에서 얼마나 떨어져 있는가, 거꾸로 말하면 X에서 **얼마나 떨어진 곳에 μ가 있는지를 추정하는 것이 목표다.**

　먼저 데이터를 표준정규분포하는 데이터로 변형하자.

　'표준편차=100g=0.1kg'이므로 ⑪식에 의해

$$Z = \frac{X-\mu}{\sigma} = \frac{72.0-\mu}{0.1} \qquad \cdots ⑮$$

이다. 일반적으로 표준정규분포에 따르는 Z는 95%의 확률로 -1.96에서 1.96 사이의 값을 갖는 것을 이용한다.

$$-1.96 \leq Z \leq 1.96$$

⑮식을 대입하여

$$\Leftrightarrow -1.96 \leq \frac{72.0 - \mu}{0.1} \leq 1.96$$

$$\Leftrightarrow -0.196 \leq 72.0 - \mu \leq 0.196$$

$$\Leftrightarrow -0.196 - 72.0 \leq -\mu \leq 0.196 - 72.0$$

$$\Leftrightarrow -72.196 \leq -\mu \leq -71.804$$

$$\boxed{\begin{array}{l} a \leq x \leq b \\ \Leftrightarrow -b \leq -x \leq -a \end{array}}$$

$$\Leftrightarrow 71.804 \leq \mu \leq 72.196$$

즉 표준편차가 100g인 체중계에서 '72.0kg'이라고 표시된 경우 여러분의 **진짜 체중**(진짜 값)**은 신뢰수준 95%에 '71.804kg 이상 72.196kg 이하 범위의 어떤 값'**인 것이다. 만약 여러분이 다이어트 중이라면 이 정밀도의 체중계로 100g 정도의 증감에 일희일비하는 것은 난센스라는 말이다.

오카다 교수

앞에서 구한 '71.804kg 이상 72.196kg 이하의 범위'를 통계에서는 95% **신뢰구간**(confidence interval)이라고 한다.

'μ의 95% 신뢰구간은 $a \leq \mu \leq b$'

이란 '모집단으로부터 매회 같은 수의 데이터를 랜덤하게 관측하고 동일한 방식으로 신뢰구간 만드는 일을 반복한다면, 100회 중 95회 정도는 a 이상 b 이하의 범위에 μ가 들어간다고 생각할 수 있다'라는 의미다.

신뢰구간의 개념은 오해하기 쉬우며, 의미를 정확히 이해하는 데 어느 정도 훈련이 필요하다. 베이즈 통계학에서는 보다 직감적으로 이해할 수 있는 '신용구간'으로 대신하기도 한다.

표준정규분포의 성질을 사용해 만들어지는 '검정'

가끔 '이상한 일이 있어났네!'라고 생각되는 일이 생긴다. 매주 로또를 샀는데 어느 날 1만 엔에 당첨되었다거나 전자제품을 샀더니 불량품이었다거나….

통계에 있어서 검정이란 얻어진 데이터가 이상한지 아닌지를 합리적으로 판단하기 위한 수단이다. 여기서는 간단한 예로 다음과 같은 경우를 생각해보자.

당신의 부하 A는 매일 차로 출퇴근을 하는데, 과거의 데이터로부터 통상 통근 시간은 평균 30분, 표준편차는 5분이라는 것을 알고 있다. 어느 날 아침 A는 통근에 39분이 걸리고 말았다. 과연 이것은 '이상'한 일일까?

'$\mu = 30$'이라는 가설을 '검정'해보자. 먼저 데이터를 표준화한다. 통근 시간을 X라고 하면 $\mu = 30$, $\sigma = 5$이므로 ⑪식(384쪽)에 의해

$$Z = \frac{X - \mu}{\sigma} = \frac{X - 30}{5} \qquad \cdots ⑯$$

이다. 앞에서와 마찬가지로 표준정규분포의 성질로부터 Z는 95%의 확률로 -1.96에서 1.96 사이의 값을 갖는다.

$$-1.96 \leq Z \leq 1.96$$

⑯식을 대입하여

$$\Leftrightarrow -1.96 \leq \frac{X - 30}{5} \leq 1.96$$

$$\Leftrightarrow -9.8 \leq X - 30 \leq 9.8$$

$$\Leftrightarrow 30 - 9.8 \leq X \leq 30 + 9.8$$

$$\Leftrightarrow 20.2 \leq X \leq 39.8$$

이상에서 '$\mu = 30$'이라는 가설이 옳다면 통근 시간(X)은 95%의 확률로 20.2~39.8분 사이임을 알 수 있다.

통계의 응용에서는 (보통) 95%의 확률로 일어나는 범위에 있는 사건은 '충분히 일어날 수 있는 일', 그 이외의 것은 '이상'이라고 보는 일이 많다. 39분의 통근 시간은 이 범위에 들어 있으므로 이상한 일은 아니다. 만약 A가 '오늘은 길이 많이 막혀서 지각했습니다…'라고 핑계를 대면 '최대 39.8분 정도는 걸릴 것이라고 생각하고 집을 나서세요'라고 꾸짖는 게 합리적일지도 모르겠다.

여기까지 왔다면 t 검정도 간단!

마지막으로 앞으로 공부의 예고편으로 전문용어 두어 가지를 소개하겠다.

먼저 95%의 확률로 일어날 수 있는 범위의 사건을 '충분히 일어날 수 있는 일'로 판단하는 검정은 '**유의수준 5%의 검정**'이라고 한다. 모집단이 표준편차 σ 의 정규분포인 것을 알고 있을 때 모집단에 대해 '**진짜 평균은 μ 다**'라는 **가설**을 세우고 '유의수준 5%의 검정'을 행하기로 하면 관측된 데이터 X에 대해

$$-1.96 \leq \frac{X - \mu}{\sigma} \leq 1.96$$

의 부등식이 성립하므로 '**가설은 기각되지 않는다**'라고 하며, 반대로 이 부등식이 성립하지 않을 때에는 '**가설은 기각된다**'라고 한다.

참고로 유명한 t **검정**이란 정규분포에 따르는 모집단에서 추출한 표본의 데이터에서 계산되는 통계량이 표준정규분포와 많이 닮은 t **분포**라고 불리는 분포에 따르는(데이터의 수가 수백~수천 이상이라면 t 분포는 표준정규분포와 거의 일치한다) 것을 이용한 검정을 말한다.

t 분포에 필요한 적분 계산도 우리의 위대한 선조들이 이미 끝내 났으니 이 책을 여기까지 읽은 여러분이 t 검정을 하고 그 본질을 이해하는 것은 간단하다.

이제부터 추정과 검정이라는 아주 재미있고 풍성한 세계가 펼쳐진다. 이 책은 여기서 끝나지만 반드시 통계 공부를 계속해보기 바란다.

지금까지 고생 많았다.

1장

■연습 1-1

$$5명 \ 키 \ 평균 = \boxed{\frac{162 + 160 + 172 + 167 + 174}{5}} = \frac{835}{5} = \boxed{167} [cm]$$

별해 $160cm$와의 차의 평균 $= \boxed{\dfrac{2 + 0 + 12 + 7 + 14}{5}} = \dfrac{35}{5} = \boxed{7}[cm]$

따라서 구하는 평균 키는

$$5명 \ 키 \ 평균 = 160 + \boxed{7} = \boxed{167}[cm]$$

■연습 1-2

(1) A의 점심값 합계 = 점심값 평균 × 개수(일수) = $\boxed{500} × 5 = \boxed{2500}$[엔]

(2) 일수 $= \dfrac{합계}{평균} = \dfrac{\boxed{250}}{\boxed{10}} = \boxed{25}$[일]

■연습 1-3

$$평균 = \frac{\boxed{11} + \boxed{35}}{\boxed{2}} = \frac{46}{2} = \boxed{23}[자루]$$

B는 처음에 35자루를 갖고 있었으므로

$$35 - \boxed{23} = \boxed{12}[자루]$$

이므로 B는 A에게 $\boxed{12}$자루를 주면 된다.

■연습 1-4

(1) 시속이란 $\boxed{1시간당\ 간\ 거리}$

　　'거리÷시간=속도'는 $\boxed{등분제}$

(2) '거리÷속도=시간'은 $\boxed{포함제}$

■연습 1-5

(1) 판매가=정가×할인율=5000× $\boxed{\dfrac{70}{100}}$ = $\boxed{3500}$ [엔]

(2) 정가= $\dfrac{판매가}{할인율}$ = $\dfrac{5600}{\boxed{\dfrac{80}{100}}}$ =5600÷ $\boxed{\dfrac{80}{100}}$ =5600× $\boxed{\dfrac{100}{80}}$ = $\boxed{7000}$ [엔]

■연습 1-6

(1) 원주율은 지름을 $\boxed{기준으로\ 삼은\ 양}$, 원둘레를 $\boxed{비교하는\ 양}$ 으로 한
　　비율

　　원주율은 $\boxed{원둘레}$ 의 $\boxed{지름}$ 에 대한 비율

(2) 　　　　　정육각형 둘레의 길이= $\boxed{6}$

　　　　　　　정사각형 둘레의 길이= $\boxed{8}$

　　이므로 ①에 의해

$$\boxed{6} < 원둘레 < \boxed{8}$$

　　양변을 지름으로 나누면

$$\frac{\boxed{6}}{지름} < \frac{원둘레}{지름} < \frac{\boxed{8}}{지름}$$

　　지름=2이므로

$$\frac{\boxed{6}}{2} < 원주율 < \frac{\boxed{8}}{2}$$

따라서

$$3 < 원주율 < 4$$

■ **연습 1-7**

(1) $\boxed{C}$ (2) $\boxed{D}$ (3) $\boxed{A}$ (4) $\boxed{B}$

2장

■ **연습 2-1**

(1) $\sqrt{1000} = \sqrt{\boxed{100}}^2 = \boxed{100}$

(2) $\sqrt{441} = \sqrt{9 \times 49} = \sqrt{\boxed{3}^2 \times \boxed{7}^2} = \boxed{21}$

(3) $\sqrt{\dfrac{81}{196}} = \sqrt{\dfrac{\boxed{9}^2}{\boxed{14}^2}} = \dfrac{9}{14}$

(4) $\sqrt{4.84} = \sqrt{\dfrac{484}{100}} = \sqrt{\dfrac{4 \times \boxed{121}}{\boxed{10}^2}} = \sqrt{\dfrac{\boxed{2}^2 \times \boxed{11}^2}{\boxed{10}^2}} = \dfrac{22}{10} = \boxed{2.2}$

■ **연습 2-2**

$$\sqrt{\boxed{4}} < \sqrt{5} < \sqrt{\boxed{9}} \Rightarrow \boxed{2} < \sqrt{5} < \boxed{3}$$

$$\sqrt{\boxed{4}} < \sqrt{6} < \sqrt{\boxed{9}} \Rightarrow \boxed{2} < \sqrt{6} < \boxed{3}$$

$$\boxed{C} \cdots \sqrt{5}$$

$$\boxed{D} \cdots \sqrt{6}$$

$$\sqrt{\boxed{9}} < \sqrt{10} < \sqrt{\boxed{16}} \Rightarrow \boxed{3} < \sqrt{10} < \boxed{4} \Rightarrow \boxed{\dfrac{3}{2}} < \dfrac{\sqrt{10}}{2} < \boxed{\dfrac{4}{2}}$$

$$\Rightarrow \boxed{1.5} < \dfrac{\sqrt{10}}{2} < \boxed{2}$$

$$\boxed{B} \cdots \frac{\sqrt{10}}{2}$$

$$\frac{\sqrt{20}}{4} = \frac{\sqrt{4 \times \boxed{5}}}{4} = \frac{\sqrt{\boxed{2}^2 \times \boxed{5}}}{4} = \frac{\boxed{2}\sqrt{5}}{4} = \frac{\sqrt{5}}{2}$$

$$\boxed{2} < \sqrt{5} < \boxed{3} \Rightarrow \frac{\boxed{2}}{2} < \frac{\sqrt{5}}{2} < \frac{\boxed{3}}{2} \Rightarrow \boxed{1} < \frac{\sqrt{5}}{2} < \boxed{1.5}$$

$$\Rightarrow \boxed{1} < \frac{\sqrt{20}}{4} < \boxed{1.5}$$

$$\boxed{A} \cdots \frac{\sqrt{20}}{4}$$

■연습 2-3

$$x^2 = \boxed{288}$$

$$x = \sqrt{288} = \sqrt{\boxed{144} \times 2} = \sqrt{\boxed{12}^2 \times 2} = \boxed{12}\sqrt{2} = \boxed{12} \times 1.41 = 16.92$$

$$x \fallingdotseq \boxed{16.9}\,[\text{m}]$$

■연습 2-4

(1) $\dfrac{1}{5} \times \left(\dfrac{3}{7} - 3\right) + \dfrac{3}{5} = \dfrac{1}{5} \times \boxed{\dfrac{3}{7}} - \dfrac{1}{5} \times \boxed{3} + \dfrac{3}{5} = \dfrac{3}{35} - \dfrac{3}{5} + \dfrac{3}{5} = \boxed{\dfrac{3}{35}}$

(2) $(-4) \times 73 + (-4) \times 27 = (-4) \times (\boxed{73} + \boxed{27}) = (-4) \times \boxed{100}$

$$= \boxed{-400}$$

(3) $555 \times (-33) - 41 \times (-33) - 14 \times (-33)$

$$= (\boxed{555} - \boxed{41} - \boxed{14}) \times (-33)$$

$$= \boxed{500} \times (-33) = \boxed{-16500}$$

(4) $(-36) \times \left(\dfrac{7}{12} - \dfrac{5}{18}\right) = \boxed{(-36)} \times \dfrac{7}{12} - \boxed{(-36)} \times \dfrac{5}{18}$

$$= \boxed{(-21)} - \boxed{(-10)} = \boxed{-11}$$

$$S = 5 \times 5 \times 3.14 \times \frac{120}{360} - 4 \times 4 \times 3.14 \times \frac{120}{360}$$

$$= 5^2 \times 3.14 \times \frac{1}{3} - 4^2 \times 3.14 \times \frac{1}{3}$$

$$= (\boxed{5^2} - \boxed{4^2}) \times 3.14 \times \frac{1}{3}$$

$$= \boxed{9} \times 3.14 \times \frac{1}{3}$$

$$= \boxed{3} \times 3.14$$

$$= \boxed{9.42} [\text{cm}^2]$$

(1) $2x(3a^2 - 2ax + x^2) = 2x \cdot \boxed{3a^2} - 2x \cdot \boxed{2ax} + 2x \cdot \boxed{x^2}$

$$= \boxed{2}x^3 - \boxed{4a}x^2 + \boxed{6a^2}x$$

(2) $(x+1)^2(x-2a)$

$$= (\boxed{x^2 + 2x + 1})(x - 2a)$$

$$= \boxed{x^2} \cdot (x - 2a) + \boxed{2x} \cdot (x - 2a) + \boxed{1} \cdot (x - 2a)$$

$$= \boxed{x^2} \cdot x - \boxed{x^2} \cdot 2a + \boxed{2x} \cdot x - \boxed{2x} \cdot 2a + \boxed{1} \cdot x - \boxed{1} \cdot 2a$$

$$= x^3 - 2\boxed{(a-1)}x^2 - \boxed{(4a-1)}x - \boxed{2a}$$

(3) $(x - a - 1)(x + a + 1) = \{x - \boxed{(a+1)}\}\{x + \boxed{(a+1)}\}$

$$= (x - A)(x + A) = x^2 - A^2$$

$$= x^2 - \boxed{(a+1)}^2$$

$$= x^2 - (\boxed{a^2 + 2a + 1})$$

$$= \boxed{x^2 - a^2 - 2a - 1}$$

(4) $(x-1)(x-3)(x+1)(x+3) = (x-1)(\boxed{x+1})(x-3)(\boxed{x+3})$

$\qquad\qquad = (x^2 - \boxed{1}^2)(x^2 - \boxed{3}^2)$

$\qquad\qquad = (x^2 - \boxed{1})(x^2 - \boxed{9})$

$\qquad\qquad = (X - \boxed{1})(X - \boxed{9})$

$\qquad\qquad = X^2 + \{\boxed{(-1)+(-9)}\}X + \boxed{(-1)\cdot(-9)}$

$\qquad\qquad = X^2 - \boxed{10}X + \boxed{9}$

$\qquad\qquad = \boxed{x^4 - 10x^2 + 9}$

3장

■연습 3–1

(1) $\boxed{y\text{는 }x\text{의 함수가 아니다}}$

(2) $\boxed{y\text{는 }x\text{의 함수다}}$

(3) $\boxed{y\text{는 }x\text{의 함수가 아니다}}$

(4) $\boxed{y\text{는 }x\text{의 함수다}}$

■연습 3–2

$$기울기 = \boxed{\dfrac{2}{3}}$$

$$y = \boxed{\dfrac{2}{3}}(x - \boxed{1}) + \boxed{1} = \boxed{\dfrac{2}{3}x + \dfrac{1}{3}}$$

■연습 3–3

x값이 가장 클 때 y값은 가장 $\boxed{작고}$, x값이 가장 작을 때 y값은 가장 $\boxed{커진다}$.

$$\begin{cases} \boxed{6} = a \times \boxed{(-2)} + 4 \\ \boxed{b} = a \times \boxed{4} + 4 \end{cases}$$

$$a = \boxed{-1}$$

$$b = \boxed{0}$$

■연습 3-4

$$y = -x^2 + 4x + 1$$

$$= -(x^2 - 4x) + 1$$

$$= -\{(x - \boxed{2})^2 - \boxed{4}\} + 1$$

$$= \boxed{-(x-2)^2 + 5}$$

꼭짓점은 $\boxed{(2, 5)}$, y절편은 $\boxed{1}$. x^2의 계수가 음수이므로 그래프는 $\boxed{\text{위로 볼록}}$하다.

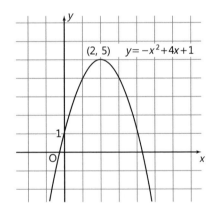

■연습 3-5

x와 y 각각에 대하여 $\boxed{\text{완전제곱}}$ 한다.

$$z = x^2 - 2x + y^2 + 6y + 10$$

$$= \{(x - \boxed{1})^2 - \boxed{1}\} + \{(y + \boxed{3})^2 - \boxed{9}\} + 10$$

$$= \boxed{(x-1)}^2 + \boxed{(y+3)}^2$$

여기서

$$z_1 = \boxed{(x-1)}^2$$

$$z_2 = \boxed{(y+3)}^2$$

(중략)

$x = \boxed{1}$ 일 때 z_1의 최솟값 $= \boxed{0} \Rightarrow z_1 \geq 0$

$y = \boxed{-3}$ 일 때 z_2의 최솟값 $= \boxed{0} \Rightarrow z_2 \geq 0$

따라서

$$z = z_1 + z_2 \geq 0$$

등호가 성립하는 때는 다음과 같다.

$$x = \boxed{1}, \quad y = \boxed{-3}$$

■ 연습 3–6

$$x^2 + (2k-1)x - 2k = 0$$

$$\Rightarrow (x + \boxed{2k})(x - \boxed{1}) = 0$$

$$\Rightarrow x = \boxed{-2k} \text{ 또는 } x = \boxed{1}$$

$k > 0$에 의해

$$-2k \boxed{<} 1$$

따라서

$$\boxed{1} - \boxed{(-2k)} = 3$$

$$\Rightarrow k = \boxed{1}$$

■연습 3-7

(1) $x^2 - 10x + 25 = 0$

$\Rightarrow \boxed{(x-5)}^2 = 0$

$\Rightarrow x = \boxed{5}$

그래프에 따라

$\boxed{x = 5 \text{ 이외의 모든 실수}}$

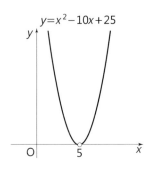

$y = x^2 - 10x + 25$

(2) $x^2 = 3$

$\Rightarrow x^2 - 3 = 0$

$\Rightarrow (x + \boxed{\sqrt{3}})(x - \boxed{\sqrt{3}}) = 0$

$\Rightarrow x = \boxed{-\sqrt{3}}$ 또는 $x = \boxed{\sqrt{3}}$

그래프에 따라

$\boxed{-\sqrt{3} \leqq x \leqq \sqrt{3}}$

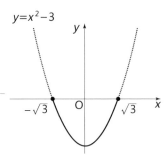

$y = x^2 - 3$

(3) $-2x^2 - 3x + 1 \geqq 0 \Rightarrow 2x^2 + 3x - 1 \boxed{\leqq} 0$

$\Rightarrow x = \boxed{\dfrac{-3 \pm \sqrt{17}}{4}}$

그래프에 따라

$\boxed{\dfrac{-3 - \sqrt{17}}{4} \leqq x \leqq \dfrac{-3 + \sqrt{17}}{4}}$

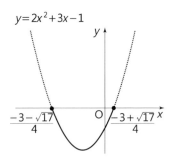

$y = 2x^2 + 3x - 1$

■연습 3-8

x^2의 계수가 양수이므로 그래프는 $\boxed{\text{아래로 볼록한}}$ 포물선.

판별식이 $\boxed{음}$ 이면 된다.

$$D = \boxed{(m+1)^2 - 4(m+1)} = m^2 - 2m - 3 \boxed{<} 0$$

$$m^2 - 2m - 3 = 0$$

$$\Rightarrow (m + \boxed{1})(m - \boxed{3}) = 0$$

$$\Rightarrow m = \boxed{-1} \text{ 또는 } m = \boxed{3}$$

그래프에서 구하는 m의 범위는

$$\boxed{-1 < m < 3}$$

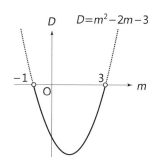

4장

■연습 4-1

(1) 서로 이웃한 두 명을 다음과 같이 하나로 정리한다.

여기서 ▭, C, D, E의 4개를 한 줄로 세우는 방법은

$$\boxed{_4P_4} = \boxed{4!} = 4\times3\times2\times1 = \boxed{24}\text{[가지]}$$

또한 ▭의 A, B를 세우는 방법은

$$\boxed{_2P_2} = \boxed{2!} = 2\times1 = \boxed{2}\text{[가지]}$$

따라서 구하는 경우의 수는

$$\boxed{24}\times\boxed{2} = \boxed{48}\text{[가지]}$$

(2) A, B, C, D, E를 줄 세우는 방법은 모두 해서

$$\boxed{_5P_5} = \boxed{5!} = 5\times4\times3\times2\times1 = \boxed{120}\text{[가지]}$$

구하는 경우의 수는 이중의 (1) 이외이므로

$$\boxed{120} - \boxed{48} = \boxed{72} \,[\text{가지}]$$

■연습 4-2

예를 들어 1~9에서 (1, 7, 8)의 3개 숫자를 고르고 큰 순서대로 늘어놓아 '871'을 만들면 백의 자리> 십의 자리> 일의 자리인 정수가 된다.

이와 같이 9개의 숫자에서 3개를 골라 크기순으로 늘어놓으면 문제의 뜻을 만족하는 정수가 반드시 1개 만들어진다. 따라서 구하는 경우의 수는

$$\boxed{{}_9C_3} \times 1 = \boxed{\frac{{}_9P_3}{3!}} \times 1 = \boxed{\frac{9 \times 8 \times 7}{3 \times 2 \times 1}} \times 1 = \boxed{84} \,[\text{가지}]$$

■연습 4-3

$$(x^3 - 2)^5 = \{x^3 + (-2)\}^5$$

이라고 생각하면 이항정리에서 일반항은

$${}_5C_k(x^3)^{\boxed{5-k}}(-2)^{\boxed{k}} = {}_5C_k(-2)^{\boxed{k}} x^{\boxed{15-3k}}$$

x^6의 항은

$$x^{\boxed{15-3k}} = x^6$$

일 때, 즉

$$\boxed{15-3k} = 6 \implies k = \boxed{3}$$

따라서 x^6의 계수는

$${}_5C_k(-2)^k = {}_5C_{\boxed{3}}(-2)^{\boxed{3}} = {}_5C_{\boxed{2}} \cdot \boxed{-8} = \boxed{-80}$$

■연습 4-4

'최단경로'이므로 S에서 G로 가는 경우 선택할 수 있는 경로는 → 나 ↑ 뿐이다.

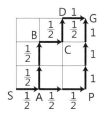

이를 고려하면 예를 들어 S→A→B→C→D→G로 가는 경로에서는 길을 선택할 기회가 5회 있으므로(D에서는 선택하지 않는다) 이 경로가 될 확률은

$$\frac{1}{2} \times \frac{1}{2} \times \frac{1}{2} \times \frac{1}{2} \times \frac{1}{2} \times 1 = \frac{1}{32}$$

한편 S→P→G로 가는 경로에서는 길을 고를 기회가 세 번 있으므로 (P 이후는 선택할 수 없음) 이 경로를 선택할 확률은

$$\frac{1}{2} \times \frac{1}{2} \times \frac{1}{2} \times 1 \times 1 \times 1 = \frac{1}{8}$$

즉 S → A → B → C → D → G로 가는 경로와 S → P → G로 가는 경로는 발생 가능성이 같지 않다 .

따라서 옳은 것은 (B) 다.

■연습 4-5

반복시행이다. A가 한 번만 이긴다 ⇒ A 1승 2패

| | 1회전 | 2회전 | 3회전 | 확률 |

$$_3C_1 = 3 \text{ [가지]}\begin{cases} \bigcirc \quad \times \quad \times & \left(\dfrac{2}{3}\right)^1\left(\dfrac{1}{3}\right)^2 \\[2mm] \times \quad \bigcirc \quad \times & \left(\dfrac{2}{3}\right)^1\left(\dfrac{1}{3}\right)^2 \\[2mm] \times \quad \times \quad \bigcirc & \left(\dfrac{2}{3}\right)^1\left(\dfrac{1}{3}\right)^2 \end{cases}$$

반복시행 $_nC_k p^k (1-p)^{n-k}$

$$_3C_{\boxed{1}}\left(\frac{2}{3}\right)^{\boxed{1}}\left(1-\frac{2}{3}\right)^{\boxed{1}} = \boxed{3} \times \boxed{\frac{2}{3}} \times \boxed{\frac{1}{9}} = \boxed{\frac{2}{9}}$$

■연습 4-6

Σ의 분배법칙을 사용하면

$$\sum_{k=1}^{n}(4 \cdot 3^{k-1} + 2k + 5) = \boxed{4\sum_{k=1}^{n}3^{k-1} + 2\sum_{k=1}^{n}k + \sum_{k=1}^{n}5}$$

여기서

$$\sum_{k=1}^{n}3^{k-1} = 3^0 + 3^1 + 3^2 + \cdots + 3^{n-1}$$

등차수열의 합

$$S_n = \frac{a_1(1-r^n)}{1-r}$$

$$= \boxed{\frac{3^0(1-3^n)}{1-3}} = \frac{3^n - 1}{2}$$

$3^0 = 1$

$$\sum_{k=1}^{n}k = \boxed{\frac{n(n+1)}{2}}$$

$$\sum_{k=1}^{n}5 = \boxed{5n}$$

$$\sum_{k=1}^{n}c = nc$$

이므로 각각을 대입하면

$$\sum_{k=1}^{n}(4 \cdot 3^{k-1} + 2k + 5) = 4\sum_{k=1}^{n}3^{k-1} + 2\sum_{k=1}^{n}k + \sum_{k=1}^{n}5$$

$$= 4 \cdot \boxed{\frac{3^n - 1}{2}} + 2 \cdot \boxed{\frac{n(n+1)}{2}} + \boxed{5n}$$

$$= 2 \cdot 3^n - 2 + \boxed{n^2 + n + 5n}$$

$$= \boxed{2 \cdot 3^n + n^2 + 6n - 2}$$

■ 연습 4-7

$$(l+1)^3 - l^3 = 3l^2 + 3l + 1$$

의 l에 $l = 1,\ 2,\ 3,\ \ldots,\ n$을 대입하여 더한다.

$$\diagdown{2^3} - \boxed{1^3} = 3 \cdot 1^2 + 3 \cdot 1 + 1 \qquad (l = 1)$$
$$\diagdown{3^3} - \diagdown{2^3} = 3 \cdot 2^2 + 3 \cdot 2 + 1 \qquad (l = 2)$$
$$\diagdown{4^3} - \diagdown{3^3} = 3 \cdot 3^2 + 3 \cdot 3 + 1 \qquad (l = 3)$$
$$\vdots$$
$$+)\ \underline{(n+1)^3 - \diagdown{n^3} = 3 \cdot n^2 + 3 \cdot n + 1 \qquad (l = n)}$$
$$(n+1)^3 - 1^3 = 3 \cdot (1^2 + 2^2 + 3^2 + \cdots + n^2) + 3 \cdot (1 + 2 + 3 + \cdots + n) + 1 \times n$$

$$(n+1)^3 - 1 = 3 \sum_{k=1}^{n} k^2 + 3 \boxed{\sum_{k=1}^{n} k} + n$$

$$n^3 + 3n^2 + 3n + 1 - 1 = 3 \sum_{k=1}^{n} k^2 + 3 \cdot \boxed{\frac{n(n+1)}{2}} + n$$

$$\therefore\ 3 \sum_{k=1}^{n} k^2 = n^3 + 3n^2 + 3n - 3 \cdot \boxed{\frac{n(n+1)}{2}} - n$$

$$= \frac{2n^3 + 6n^2 + 6n - 3n^2 - 3n - 2n}{2}$$

$$= \frac{2n^3 + 3n^2 + n}{2}$$

$$= \frac{n(2n^2 + 3n + 1)}{2}$$

$$= \frac{n\{(2n^2 + 2n) + (n+1)\}}{2}$$

$$= \frac{n\{(n+1)\cdot 2n + (n+1)\cdot 1\}}{2} = \boxed{\frac{n(n+1)(2n+1)}{2}}$$

양변을 3으로 나누어

$$\sum_{k=1}^{n} k^2 = \boxed{\frac{n(n+1)(2n+1)}{6}}$$

5장

■**연습 5-1**

$y = f(x)$ 위에 A와는 다른 $\mathrm{B}(b, f(b))$ 를 취하면

$$\frac{f(b) - f(a)}{b - a}$$

는 다음 그림에 보이는 점선 AB의 $\boxed{\text{기울기}}$ 를 나타낸다. 여기서 b 를 한없이 a 에 가깝게 하면(점 B도 한없이 점 A에 가까워지므로) 점선 AB가 $\boxed{\text{점 A에}}$ $\boxed{\text{있어서 접선}}$ 에 한없이 가까워지는 것은 명백하다.

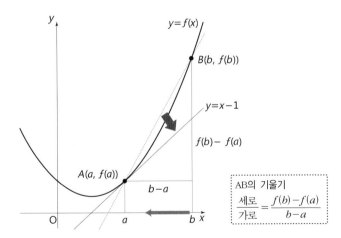

따라서

$$\lim_{b \to a} \frac{f(b) - f(a)}{b - a}$$

는 점 A에 있어서 접선 의 기울기 를 나타낸다. 이상에 의해

$$\lim_{b \to a} \frac{f(b) - f(a)}{b - a} = \boxed{1} \qquad \vdots\ y=x-1의 기울기는 1 \ \vdots$$

■연습 5-2

네이피어수 e의 정의에 의해

$$\lim_{n \to \infty} \left(1 + \frac{1}{n}\right)^n = e$$

여기서

$$h = \frac{1}{n}$$

이라고 하면

$$n \to \infty \iff h \to \boxed{0}$$

이므로

$$\lim_{\boxed{h \to 0}} \boxed{(1+h)^{\frac{1}{h}}} = e$$

가 된다. 따라서 충분히 작은 h에 대해서는

$$\boxed{(1+h)^{\frac{1}{h}}} \fallingdotseq e$$

이것을 대입하면

$$\vdots\ (a^{\frac{1}{h}})^h = a^{\frac{1}{h} \times h} = a^1 = a \ \vdots$$

$$\frac{e^h - 1}{h} \fallingdotseq \frac{\left\{\boxed{(1+h)^{\frac{1}{h}}}\right\}^h - 1}{h} = \frac{\boxed{1+h} - 1}{h} = 1$$

$$\int_0^1 \sqrt{1-x^2}\,dx$$

는 아래 그림의 회색 부분 면적을 나타낸다.

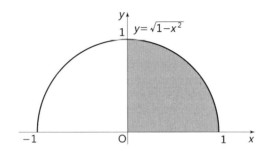

이것은 반지름이 1인 원의 면적의 $\boxed{\dfrac{1}{4}}$ 이다.

반지름이 r인 원의 면적
$r^2\pi$

따라서

$$\int_0^1 \sqrt{1-x^2}\,dx = \boxed{1^2 \cdot \pi} \times \boxed{\dfrac{1}{4}} = \boxed{\dfrac{\pi}{4}}$$

맺음말

먼저 이렇게 두툼한 책을 끝까지 읽어준 여러분에게 감사와 경의를 표한다.

지금 어떤 기분인가? 이 책을 통해 중학교에서 고등학교까지는 약했던 수학, 또는 완전히 잊어버리고 있던 수학의 내용이 당신의 눈앞에 (또는 머릿속에) 이전보다 선명한 모습으로 되살아났기를 진심으로 바라마지 않는다.

머리말에도 썼듯이 이 책의 목적은 통계를 혼자 공부할 수 있도록 만들어주는 것이다. 이 책에서 소개한 수학 내용을 어느 정도 파악한 독자라면 앞으로 추론통계 공부를 계속하는 것이 그리 어렵지 않을 것이다. 좋은 책이 많이 나와 있으니 반드시 용기를 가지고 도전해보자!

출판사가 '통계에 쓰는 수학의 해설서를 써주실 수 있겠느냐'는 의뢰를 했을 때 그런 책이 있으면 많은 직장인이 혼자 통계를 공부할 수 있겠구나 하고 확신했다. 세상에 도움이 되는 책을 쓸 수 있다는 것은 저자에게 있어 최고의 기쁨이다. 다시 한 번 감사드린다.

다만 나 또한 통계는 독학을 했으므로 통계책을 세상에 내놓는 데에는 전문가의 감수가 필요했다. 실제 센슈 대학의 오카다 겐스케 교수님에게 아주 유익한 조언을 많이 받았고, 큰 깨우침도 얻었다. 깊은 감사를 드린다.

또한 기타미 류지 씨의 일러스트는 이 책을 앞에 두고 소심해져 있을(?) 독자들을 때로는 다정하게, 때로는 강하게 격려해주었을 것이다. 무엇보다도 이해하기 힘든 수학과 통계 부분을 아주 부드럽게 설명해주기도 했다. 정말로 고맙게 생각한다.

이런 책을 쓸 기회를 얻게 된 것은 모두 이전에 내 책을 읽어준 독자 여러분 덕분이다. 언제나 진심으로 감사하고 있다는 것을 이 자리를 빌려 말씀드린다.

나가노 히로유키

옮긴이 **위정훈**

고려대학교 서어서문학과를 졸업하고 도쿄대 대학원 총합문화연구과 객원연구원으로 유학했다. 인문, 정치사회, 문학 등 다양한 분야의 출판기획과 번역가로 활동하고 있다. 옮긴 책으로 《회사에서 꼭 필요한 최소한의 수학》, 《콤플렉스 카페》, 《왜 인간은 전쟁을 하는가》, 《의료천국, 쿠바를 가다》, 《레스토랑의 탄생에서 미슐랭 가이드까지》 등 다수가 있다.

일러스트 **기타미 류지**

인터넷에 4컷 만화를 연재한 것을 계기로 출판 일러스트와 집필을 시작해 현재 프리랜서 작가 겸 일러스트레이터로 활약 중이다. 작업 도서로 《기타미식 일러스트 IT교실》, 《프리랜서를 대표해 신고와 절세에 대해 배워보았다》 등 다수가 있다.

빅데이터 분석에 필요한 기본 수학

통계가 빨라지는 **수학력**

초판 1쇄 발행 2016년 6월 9일
개정판 1쇄 발행 2023년 4월 14일
개정판 2쇄 발행 2023년 11월 3일

지은이 나가노 히로유키
옮긴이 위정훈
감수 오카다 겐스케 · 홍종선
일러스트 기타미 류지
펴낸이 이범상
펴낸곳 (주)비전비엔피 · 비전코리아

기획 편집 차재호 정락정 김승희 박성아 신은정
디자인 최원영
마케팅 이성호 이병준
전자책 김성화 김희정 안상희
관리 이다정

주소 우)04034 서울특별시 마포구 잔다리로7길 12 (서교동)
전화 02) 338-2411 | **팩스** 02) 338-2413
홈페이지 www.visionbp.co.kr
인스타그램 https://www.instagram.com/visioncorea
포스트 post.naver.com/visioncorea
이메일 visioncorea@naver.com
원고투고 editor@visionbp.co.kr

등록번호 제313-2005-224호

ISBN 978-89-6322-207-3 04410